성명주의 초콜릿 장식 노하우

Le Chocolat

르 쇼콜라

성명주

1991년 ㈜파리크라상 연구소에 입사해 25년 동안 다양한
제품 개발과 한국 에꼴 르노뜨르 제과마스터클래스,
요리마스터클래스 등 브랜드 론칭에 참여했다.
2016년, 그녀만의 공간인 '성명주아뜰리에'를 오픈해 디저트
연구 개발은 물론 메뉴 컨설팅과 교육 활동에 힘쓰며 활발한
활동을 이어가고 있다. 특히 성명주 셰프의 초콜릿 클래스는
초콜릿에 대한 다양한 개념들을 체계적으로 정립하고 탄탄한
기초를 쌓아 준다는 점에서 많은 이들의 호평을 얻고 있다.
'셰프들의 선생님'이라고 불리며 제과업계 전반에 수많은 제자를
배출한 성명주 셰프. 제과에 대한 수준 높은 감각, 카리스마
넘치는 리더십, 다채로운 활동 경력은 '이 시대 최고의 파티시에
성명주'로서의 존립을 가능하게 한다.

가천대학교 식품공학 석사,
프랑스 꼬르동블루 제과 중급 · 고급 과정 수료
프랑스 에꼴 르노뜨르 제과 16개 과정 수료
㈜파리크라상 제품 및 케이크 디자인 개발
에꼴 르노뜨르 론칭
2004 수원여자대학 외래교수
2006 가천대학교 식품생명공학과 외래교수
2006 미국 애리조나 WPTC 한국 대표
2002~現 한국 에꼴 르노뜨르 강의
2016년~現 성명주아뜰리에 운영

저서
2019 리큐르 디저트

블로그 https://blog.naver.com/mjhjparis2
인스타그램 https://instagram.com/sungmyungju_

성명주의 초콜릿 장식 노하우

Le Chocolat

르 쇼콜라

BnCworld

Prologue
프롤로그

뒤돌아보면 어린 시절부터 초콜릿을 무척 좋아했던 것 같습니다. 그러나 본격적으로 진짜 초콜릿을 접한 시기는 학교를 졸업하고 파리바게뜨 연구실에서 일을 시작한 즈음이었습니다. 초콜릿 작업이 생각보다 까다로워 때론 자괴감에 빠지기도 하고 때론 초콜릿의 매력에 푹 빠지기도 했던 시절이었지요. 작업을 거듭해도 초콜릿은 여전히 어려웠습니다. 초콜릿이 몰드에서 떨어지지 않아 애를 먹기도 하고 초콜릿의 광택이 제대로 나지 않아 마음을 졸이는 날도 많았습니다. 그때만 해도 자료도, 가르쳐 줄 사람도 많지 않아 연구실 한편에 쌓인 책들에 의지해야 했습니다. 그러나 쉽게 해답을 찾을 수 없었습니다. 특히 숫자로만 설명된 템퍼링이란 단어는 물 위에 뜬 기름처럼 개념이 머릿속에서만 겉돌 뿐 이해가 되지 않았습니다. 그래도 초콜릿이 재미있었던지 포기하지 않고 도전을 계속했습니다. 외국에 나가 강의도 듣고 제가 가장 존경하는 쇼콜라티에이자 저의 영감의 원천인 스테판 르루의 책을 보며 동료들과 도장깨기 하듯 하나씩 하나씩 초콜릿 피스를 만들어 보기도 했습니다. 그렇게 10여 년이 흘렀습니다. 그간 무수히 많은 계절을 초콜릿과 함께 보내면서 더욱 초콜릿을 이해하게 되었고 사랑하게 되었습니다. 그리고 이제 초콜릿은 저의 시그니쳐 아이템이 되었습니다.

'르 쇼콜라'는 오랜 시간 시행착오를 거치며 제가 배우고 경험한 초콜릿에 관해 여러분과 이야기하고자 만든 책입니다. 초콜릿은 움직이고 변화합니다. 그래서 일정한 시간이 필요하고 잘 변화하도록 온도를 조절하고 움직여 줘야 합니다. 이 과정은 단지 숫자로 설명될 수 있는 것은 아닙니다. 초콜릿이 온도와 시간에 따라 만들어지는 다양한 구조체인 것을 체득하시길 바랍니다. 또 이 책에는 파티시에라면 꼭 알아야 할 초콜릿 장식을 최대한 많이 실었습니다. 디저트에 바로 적용할 수 있도록 실용적인 장식을 자세한 공정 사진과 함께 담아 최대한 쉽게 만들 수 있도록 했습니다. 세심한 주의를 기울여 만든 초콜릿 장식 한 조각은 제품의 가치를 올려 주고 생명을 불어 넣습니다. 또한 매일 반복되는 공정에 셰프의 창의력을 발휘할 수 있는 아주 고귀한 작업이지요. 이 책이 '초콜릿은 어렵고 까다롭다.'는 편견에서 벗어나 독자 여러분 모두가 원하는 초콜릿 장식물을 무궁무진하게 만드는 데 도움이 되길 바랍니다. 또한 이제 막 초콜릿을 배우기 시작한 분들이 가지게 될 여러 궁금증에 해답이 되었으면 합니다. 무엇보다 '신이 주신 음식'이라 불리는 초콜릿의 매력을 많은 사람들이 느끼길 희망합니다.

끝으로 아뜰리에에 문제가 생기면 바로 여러 가지 공구를 챙겨와 고쳐주는 공무과 조 과장, 아뜰리에의 모든 디자인 작업을 총괄하고 있는 디자인실 조 실장, 제 건강을 챙겨 주는 의무실의 든든한 조력자 송 실장님, 제가 옳은 방향으로 가고 있는지 고민할 때 늘 아낌없는 조언을 해 주시는 성 회장님께 감사의 말씀을 전합니다.

귀한 시간을 내어 저의 초콜릿 책을 감수해 준 김은혜 셰프께도 감사를 드립니다.

작업 기간 내내 저를 믿고 무한한 신뢰를 보내 준 비앤씨월드 출판사에도 감사드립니다.

성명주아뜰리에

성명주 *Sung Myungju*

CONTENTS

1. 어바웃 초콜릿
About Chocolate

초콜릿이 만들어지는 과정 • 010
카카오 콩으로부터
만들어지는 원료 • 014
초콜릿의 종류 • 015
초콜릿 장식에 알맞은 초콜릿 • 018
초콜릿 보관법 • 019
초콜릿 작업에 필요한
장비와 도구 • 020
템퍼링 • 026
템퍼링 방법 • 028
초콜릿 색소 만들기 • 035
몰딩 • 038
초콜릿 Q&A • 042

2. 원형
Circle

단면 원 • 048
스프링클 버튼 • 052
삼색 원 • 056
에어브러시드 원 • 060
압침 • 064
도장 • 068
점박이 원 • 072
그물 원 • 076
레이스 원 • 080
커브 원 • 084

3. 사각형
Square

단면 사각형 • 090
양면 사각형 • 094

줄무늬 사각형 • 098
큐브 • 102
구멍 많은 사각형 • 108
마블 무늬 사각형 • 112
주름진 사각형 • 116
전사지 무늬 사각형 • 120
호피 무늬 사각형 • 124

4. 밴드 & 식물
Band & Plant

기본 밴드 • 130
물결 밴드 • 134
왕관 밴드 • 138
투톤 삼각 밴드 • 142
회오리 밴드 • 146
나뭇잎 • 150
꽃잎 • 154
뾰족한 잎 • 158

고목 · 162
나뭇결 · 166

5. 냉동 기법 & 기타 도구 기법
Freeze & Tools Technique

볏짚 · 172
둥지 · 176
삼각 주름 · 180
보자기 · 184
롤 · 188
트리 밴드 · 192
선 · 196
스프링 · 200
리본 · 204
리본 고리 · 208
링 · 212
화이트 링 · 216
페뉴 롤 · 220
시가렛 · 224

코포 · 228
에방타유 · 232
깃털 · 236
튜브 · 240
해면 · 244

6. 몰드 & 플라스틱 초콜릿
Mold & PlasticChocolate

오너먼트 · 250
하마 · 254
카보스 · 258
연꽃 · 262
레이스 하트 · 268
크리스마스트리 1 · 272
크리스마스트리 2 · 278
크리스마스 심볼 · 282
장미 · 286

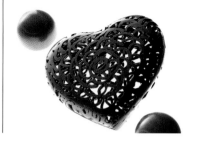

7. 초콜릿 디저트
Chocolate Desserts

망디앙 · 292
크레이지 카카오 보틀 케이크 · 294
망고 크렘 브륄레와 홍시 소르베 · 296
레몬그라스 프레지에 · 298
헤이즐넛 · 301
티라미수 · 304
큐브 · 306
마다가스카르 · 309
초콜릿 샤를로트 · 312
오너먼트 · 314
화이트 포레스트 · 317
딸기 캔디 · 320
부슈 드 노엘 · 322
르 쇼콜라 · 325

1.

About Chocolate

1 From Bean to Chocolate
초콜릿이 만들어지는 과정

1단계 **수확** Harvest

초콜릿을 만드는 가장 첫 번째 단계이다. 카카오는 남아메리카를 비롯해 동남아시아, 아프리카 등 열대지방 곳곳에서 재배된다. 럭비공처럼 생긴 카카오 나무의 열매인 카카오 파드(Cacao pod), 또는 카보스(Cabosse)를 자르면 초콜릿의 주재료인 카카오 콩이 들어 있다. 카카오 품종은 쌉싸름하고 묵직한 풍미의 포라스테로(Forasteros), 쓴맛이 덜하고 부드러운 크리올로(Criollos), 포라스테로종과 크리올로종을 교배시켜 맛이 섬세한 트리니타리오(Trinitarios)로 나뉘고 그 외에 최상급 카카오인 '카라크(Caraque)', 고급스러운 쓴맛이 나는 마라냥(Maragnan) 등이 있다. 이중 포라스테로종은 기후 변화와 병충해에 강해 재배하기 쉬운 장점이 있다. 때문에 전 세계 카카오 콩 재배의 90% 이상을 차지하며, 특히 서부 아프리카에서 많이 생산된다. 카카오 콩을 맛보면 약간의 단맛과 풀냄새를 느낄 수 있는데, 카카오 콩의 당 성분은 다음 단계인 발효를 촉진시키는 역할을 한다.

2단계 **발효** Fermentation

카카오 콩의 품질은 발효와 건조에 따라 정해진다 해도 과언이 아니다. 특히 발효는 생 카카오 콩에서 초콜릿의 풍미가 생겨나는 첫 번째 과정이다. 수확한 카카오 열매는 과육 부분을 발라내고 물에 씻어 하얀 섬유질을 제거한 다음 나무 상자나 밀폐 용기에 넣거나 바나나 잎 등에 싸 발효시킨다. 발효 기간은 지역의 기후나 습도, 카카오 콩의 종류에 따라 차이가 있으며 평균적으로 2일~1주일 정도 걸린다. 발효하는 동안 내부 온도가 45℃ 이상이 되면 카카오 콩 안의 효모와 당분이 화학 작용을 일으켜 젖산과 아세트산을 만들어 내고 이것이 카카오 콩 내부로 파고들면서 다시 화학 반응을 일으킨다. 발효를 마친 카카오 콩은 쓴맛과 떫은맛이 줄고 고수와 비슷한 향이 나며, 색도 흰색에서 암갈색으로 변한다.

3단계 **건조와 이물질 제거** Drying and Cleaning

카카오 콩은 내부의 수분이 약 8% 이하로 건조되지 않으면 곰팡이가 생기기 쉬운데, 이는 카카오 콩의 질을 떨어트리는 주요인이 될 수 있다. 따라서 수확한 카카오 콩을 안정적으로 보관하고 초콜릿 공장까지 안전하게 운반하기 위해서는 건조 단계가 필수적이다. 건조하는 방법은 햇볕에 널어 말리는 '일광 건조' 방식과 불 또는 열기 등을 사용하는 '열기 건조' 방법이 있다. 일광 건조는 보통 햇볕에서 10~14일 정도 말리고, 열기 건조는 100~120℃의 건조실에서 총 수분이 8% 이하가 될 때까지 건조시킨다. 열기 건조는 불을 사용해 인공적으로 건조시키는 방식이므로 카카오 콩에서 스모키한 향이 나타나기도 한다. 건조를 마친 카카오 콩은 모래나 나무 조각, 기타 이물질 등이 포함돼 있을 수 있다. 그래서 본격적인 가공 전에 불필요한 이물질, 상태가 좋지 못한 카카오 콩 등을 체와 자석, 수작업 등을 통해 제거한다. 이물질을 모두 걸러낸 카카오 콩은 크기와 중량별로 나눠 다음 작업으로 넘어간다.

4단계 **로스팅** Roasting

커다란 회전 솥 안에서 카카오 콩을 볶는 단계이다. 로스팅은 일반적으로 140~150℃ 사이에서 이뤄진다. 로스팅을 거친 카카오 콩은 수분이 1% 이하로 감소하며 아세트산이 휘발해 신맛이 줄어든다. 또한 탄닌이 산화돼 쓴맛이 감소하고 단맛을 느낄 수 있게 된다. 이밖에도 당과 아미노산 화합물이 메일라드 반응을 일으켜 갈변이 일어난다. 즉 로스팅 과정을 통해 초콜릿 고유의 아로마와 맛, 깊은 색이 형성되는 것이다. 한편 로스팅을 마친 카카오 콩은 껍질의 분리가 쉬워지고 잘 부서진다.

5단계 **파쇄** Crushing

로스팅 후에는 즉시 냉각하고 파쇄해 카카오 콩을 껍질, 배유, 배아로 분리한다. 카카오 콩의 껍질 부분에 해당하는 허스크(husk)는 바람을 일으키는 장치로 제거하는데(위노잉), 초콜릿에 허스크가 많이 남아 있으면 초콜릿 고유의 향과 식감이 저하되므로 최대한 말끔하게 제거해야 한다. 참고로 미국 FDA에 따르면 초콜릿에 겉껍질이 1.75% 이상 포함돼 있으면 초콜릿으로 부를 수 없다고 명시돼 있다. 배아 역시 쉽게 가루가 되지 않기 때문에 반드시 제거하는 것이 좋으며, 배유 조각인 카카오 닙 부분만을 남겨 다음 단계로 보낸다.

6단계 **분쇄** Grinding

껍질과 배아가 제거되고 남은 카카오 콩은 전체의 85% 정도가 된다. 이를 무쇠 롤로 으깨 40μm(미크론: 1미크론은 1/1000㎜)의 매우 고운 입자로 만드는 단계이다. 분쇄를 거친 카카오 닙은 흐름성 있는 카카오 리커가 되며 흔히 카카오 페이스트, 카카오 매스 등으로 불린다. 하지만 엄밀히 말하면 액체 상태일 때는 카카오 리커로, 고체로 굳은 상태이면 카카오 매스로, 카카오 리커와 카카오 매스의 중간인 반죽 상태라면 카카오 페이스트로 말하는 것이 적절하다. 분쇄 과정에서 온도는 카카오 버터의 융점인 34~36℃를 유지해야 한다.

7단계 **압착** Pressing

카카오 리커에 압력을 가해 지방 성분인 카카오 버터와 고형분인 카카오 케이크로 나누는 단계이다. 카카오 버터의 찌꺼기인 카카오 케이크를 가루 낸 것이 바로 코코아파우더이다. 카카오 버터는 커버추어초콜릿의 흐름성에 관여하는 원료로 주로 쓰이며 코코아파우더는 음료나 디저트, 코팅초콜릿 등에 광범위하게 사용된다.

8단계 **혼합** Mixing

초콜릿을 제조하기 위해 재료들을 일정한 비율로 섞는 단계이다. 따뜻하게 녹인 카카오 버터와 카카오 매스에 설탕, 레시틴(유화제), 분유, 바닐라 등의 향료 등을 섞어 다크초콜릿, 밀크초콜릿, 화이트초콜릿 등 여러 가지 종류의 초콜릿을 만든다.

9단계 **징제** Refining

초콜릿의 조직감과 유동성의 품질을 결정하는 중요한 과정이다. 혼합 단계에서 남아 있는 거친 입자들을 롤에 통과시켜 혀에서 까칠까칠함이 느껴지지 않을 정도로 매끈하게 만든다. 일반적으로 입 안에서 가장 좋은 식감을 낼 수 있는 초콜릿 입자의 크기는 15~20μm(미크론)으로 알려져 있다.

10단계 **콘칭** Conching

콘칭은 정제된 초콜릿을 일정한 온도의 탱크 안에서 장시간 이기고 다듬는 과정이다. 초콜릿을 오랜 시간 끊임없이 저어 가며 열과 산소에 노출시키면 휘발성 산과 여분의 수분들이 증발돼 훌륭한 향이 나타난다. 또한 초콜릿 안의 모든 입자들이 카카오 버터로 코팅돼 초콜릿의 광택이 증가하고 흐름성이 좋아진다. 콘칭은 밀크초콜릿의 경우 43~60℃에서 10~24시간, 다크초콜릿은 54~82℃에서 48~96시간 정도 이루어진다.

11단계 **템퍼링** Tempering

콘칭을 마친 액체 상태의 초콜릿은 원하는 모양으로 만들어 굳히기 위해 온도 조절 작업을 해야 한다. 녹인 초콜릿의 온도를 내려 결정화시키고 다시 온도를 올려 초콜릿 속 카카오 버터의 결정 구조를 안정적으로 만드는 과정이다.

12단계 **몰딩·냉각·포장** Molding·Cooling·Wrapping

템퍼링을 마친 초콜릿은 몰드에 충전하거나 단추 모양으로 팬닝한 다음 18℃의 냉각 터널을 거쳐 완전히 결정화된다. 이후 이를 포장해 온도 18℃, 습도 50% 이하의 저장실에 7~10일 동안 숙성한 뒤 시장에 유통된다.

From Bean to Chocolate

그림으로 보는 초콜릿 제조 과정

수확 Harvest

겉껍질 열기

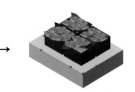

발효 Fermentation

- 외피가 붇고 팽팽해져
  과육을 벗기기 쉬워짐
- 떫은맛, 자극적인 맛 감소
- 향기로운 맛을 내는 물질 증가

건조 Drying

- 수분 함량 6~8%
- 건조 기계에서 건조하면
  스모키한 향의 원인이 됨
- 10~14일 건조

포장 & 출하
Bagging & Shipment

선별 & 이물질 제거
Sorting & Cleaning

로스팅 Roasting

- 140~150℃
- 발효 때 생성된 향이 발전됨
- 수분 감소, 박테리아 제거

파쇄 Crushing

- 배아(0.5~1%),
  외피(9~13%) 분리
- 이때 나온 배유 조각을
  카카오 닙이라 함

분쇄 Grinding

- 5 실린더, 40μm(미크론)

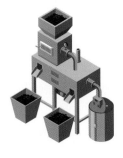

압착 Pressing

카카오 페이스트

카카오 케이크   카카오 버터

코코아파우더
(음료, 가공 초콜릿 원료로 사용)

혼합 Mixing

분당, 분유, 레시틴, 향료
등을 첨가해 다크, 밀크,
화이트초콜릿 제조

정제 Refining

−15~20μm(미크론)

콘칭 Conching

- 80℃, 12~24시간
- 수분 1% ↓, 풍미 개선
- 점도 감소

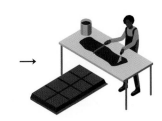

템퍼링 & 몰딩
Tempering&Molding

2 Ingredients from the Cacao Bean
카카오 콩으로부터 만들어지는 원료

카카오 닙

카카오 닙 Cacao nibs

로스팅한 카카오 콩의 껍질(허스크)을 제거해 작게 분쇄한 조각이다. 특유의 향과 약간의 신맛, 그리고 떫으면서도 고소한 맛을 복합적으로 느낄 수 있다. 건강식품으로 그 자체를 먹기도 하며, 초콜릿 디저트에 씹히는 식감과 풍부한 초콜릿 풍미를 내고 싶을 때 활용한다.

카카오 매스

카카오 매스 Cacao mass

파쇄한 카카오 콩을 롤러로 으깨면 부드러운 액체 상태로 변하는데, 이것을 카카오 리커(Cacao liquor)라고 하며, 카카오 매스(Cacao mass) 또는 카카오 페이스트(Cacao paste), 비터초콜릿(Bitter chocolate) 등으로도 부른다. 진한 갈색의 카카오 매스는 초콜릿 원료 중 가장 중요한 원료로 ±54%의 카카오 버터와 나머지 카카오 고형분으로 구성돼 있다. 산미가 도는 쓰쓸한 맛이 특징으로, 디저트의 텍스처에 영향을 덜 미치면서 초콜릿의 맛을 강하게 표현하고 싶을 때 사용할 수 있다.

카카오 버터

카카오 버터 Cacao butter

카카오 매스를 300~600kg/㎠의 고압 프레스기로 누르면 기름이 흘러나오는데 이 기름이 바로 카카오 버터이다. 여과, 탈취 과정을 거친 뒤 대부분의 카카오 입자를 제거한 것으로, 옅은 노란색 블록이나 단추 모양으로 제조돼 판매된다. 정확한 템퍼링을 통해 적정하게 결정화된 카카오 버터는 초콜릿 광택의 품질을 좌우한다. 카카오 버터는 크게 굳거나 녹는 두 가지 성질만 가지고 있다. 일반적으로 식용 지방은 다양한 지방산이 포함돼 있고, 각 지방산은 고유한 녹는점이 있어 넓은 범위의 온도에서 천천히 녹는다. 반면, 카카오 버터는 체온 바로 아래에서 모두 녹는 적은 종류의 지방산으로 구성돼 있다. 때문에 일단 굳으면 잘 녹지 않지만 35℃ 이상의 입 안에서는 빠르게 녹아 제과에서 풍미와 식감을 증폭시키는 역할을 한다.

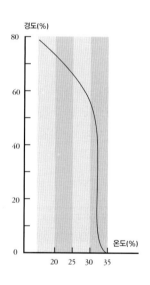

경도(%)

온도(%)

코코아파우더 Cocoa powder

코코아파우더

카카오 케이크를 곱게 갈아 가루 낸 것이 코코아파우더이다. 천연 코코아파우더의 산도(pH)는 5~6인 약산성인데 탄산칼륨을 첨가해 산도를 7 이상으로 높여 염기성으로 만든 것이 제과제빵에서 널리 사용하는 '더치 코코아파우더'이다. 더치 코코아파우더는 물에 쉽게 녹고 떫은 맛과 신맛이 덜하며 초콜릿 풍미가 깊은 특징이 있다. 코코아파우더는 카카오 버터를 8~22%, 수분을 3% 함유시켜 제조하는데 카카오 버터의 양이 많이 포함돼 있을수록 질감이 부드럽고 풍미가 좋다.

3 Types of Chocolate
초콜릿의 종류

컴파운드초콜릿 Compound chocolate
카카오 버터 외에 팜유 등 기타 유지와 유화제 등이 첨가된 초콜릿이다. 카카오 함량이 7% 이상으로 준 초콜릿으로 분류된다. 초콜릿의 풍미, 식감이 떨어지는 반면 가격이 저렴하고 템퍼링할 필요 없이 바로 녹여 사용할 수 있어 간편하다. 또한 열에 강해 상온에서 잘 녹지 않는 특징이 있다.

청크초콜릿 Chunk chocolate
1㎝ 내외의 큐브 모양 초콜릿이다. 일반 초콜릿보다 열에 강해 오븐에서 구운 후에도 모양이 안정적으로 유지되는 특징이 있다. 주로 쿠키나 스콘 등의 반죽에 넣어 활용한다.

코팅초콜릿 Coating chocolate
카카오 버터 대신 부분적으로 수소경화된 대두, 팜핵, 코코넛 오일과 같은 식물성 유지가 포함된 초콜릿이다. 브랜드마다 특성과 성분이 조금씩 다르지만 카카오 버터와 매우 유사하게 녹도록 정제돼 템퍼링하지 않아도 윤기가 나며 식감도 비슷하다. 사용법은 코팅초콜릿을 완전히 녹여 35~38℃로 온도를 맞추고 케이크, 빵, 구움과자 등의 겉면에 코팅하면 된다. '파트 아 글라세(Pâte à glacer)'라는 이름으로 판매되기도 한다.

스틱초콜릿 Stick chocolate
막대 모양의 초콜릿. 카카오 버터 함량이 25% 내외로 비교적 적고 녹이면 되직한 텍스처를 보인다. 오븐에 구워도 녹지 않고 모양을 유지해 '팽 오 쇼콜라', '브리오슈' 등과 같은 빵의 필링 또는 토핑으로 쓰인다.

❶ 청크초콜릿
❷ 밀크커버추어초콜릿
❸ 화이트커버추어초콜릿
❹ 다크커버추어초콜릿
❺ 코팅초콜릿
❻ 스틱초콜릿

15

커버추어초콜릿 Couverture chocolate

'커버추어(Couverture)'는 프랑스어로 덮개를 뜻하는데, 고체의 형태를 유지할 수 있는 초콜릿을 뜻한다. 세계보건기구(WHO)와 국제연합식량농업기구(FAO) 등의 국제기구에서는 카카오 고형분 35%, 카카오 버터 31% 이상 함유된 초콜릿을 커버추어초콜릿으로 규정하고 있다. 일반적으로 초콜릿 제품에 표기돼 있는 카카오 함량은 카카오 매스와 카카오 버터를 합한 것을 의미한다.

커버추어초콜릿은 카카오 매스, 카카오 버터, 설탕, 전지분유(밀크초콜릿 또는 화이트초콜릿에 해당), 레시틴, 바닐라 향 등으로 이루어져 있다. 카카오 매스는 초콜릿 전반의 맛과 관계되는 요소로 함유량이 높을수록 진하고 깊은 초콜릿 풍미가 난다. 카카오 버터는 텍스처와 관련 있는 요소로 카카오 버터가 30% 이상 함유된 초콜릿은 흐름성이 좋고 빠르게 굳으며 단단한 특성을 보이는 반면, 그 이하면 흐름성이 약하고 점도가 높아진다. 레시틴은 초콜릿의 향과 더불어 초콜릿의 점도를 낮춰 흐름성을 좋게 하는 재료다. 그러나 사용량이 전체의 0.3% 이상을 넘게 되면 점도가 다시 높아지기 때문에 주의해야 한다.

한편, 커버추어초콜릿의 입자는 15~25㎛(미크론) 사이일 때 가장 좋다. 입자가 25~30㎛ 이상이면 먹었을 때 흙 같은 텍스처가 느껴지고, 10㎛ 이하는 입 안에 착 달라붙어 식감이 좋지 않다. 참고로 초콜릿의 소비가 가장 많은 유럽에서 선호하는 초콜릿 입자는 15~25㎛이다. 커버추어초콜릿은 주로 2~2.5kg의 블록형 또는 동전 크기의 드롭형으로 제조된다.

커버추어초콜릿 구성 요소

- 다크커버추어초콜릿: 카카오 매스 + 카카오 버터 + 설탕
- 밀크커버추어초콜릿: 카카오 매스 + 카카오 버터 + 설탕 + 전지분유
- 화이트초콜릿: 카카오 버터 + 설탕 + 전지분유

카카오
매스

카카오
버터

설탕

다크커버추어초콜릿

전지
분유

카카오
매스
+
카카오
버터

설탕

밀크커버추어초콜릿

전지
분유

카카오
버터

설탕

화이트커버추어초콜릿

○ 커버추어초콜릿의 일반적 배합 예

단위: 1kg

구분	재료명	배합비
다크커버추어초콜릿 (66%)	카카오 매스	41.0%
	카카오 버터	25.0%
	설탕	34.0%
	기타(바닐라 향, 레시틴)	1~2%
밀크커버추어초콜릿 (34%)	카카오 매스	12.0%
	카카오 버터	22.0%
	전지분유	30.0%
	설탕	36.0%
	기타(바닐라 향, 레시틴)	1~2%
화이트커버추어초콜릿 (30%)	카카오 버터	30.0%
	전지분유	20.0%
	설탕	50.0%
	기타(바닐라 향, 레시틴)	1~2%

DATAIL _ 초콜릿의 국내 규격

구분	규격
초콜릿	카카오 원료에 당류, 유지, 유가공품, 식품, 또는 식품첨가물 등을 가하여 가공한 것으로서 카카오 원료 함량 20% 이상(카카오 버터 10% 이상)인 것을 말한다.
밀크초콜릿	카카오 원료에 당류, 유지, 유가공품, 식품 또는 식품첨가물 등을 가하여 가공한 것으로 카카오 원료 함량 12% 이상, 유고형분 8% 이상인 것을 말한다. 일반적 구성: 분유 20%, 카카오 매스 30%, 설탕 40%, 카카오 버터 10% *화이트커버추어초콜릿의 일반적 구성: 설탕 40%, 카카오 버터 20~25%, 분유 35~40%, 레시틴 등
준 초콜릿	카카오 원료에 당류, 유지, 유가공품, 식품, 또는 식품첨가물 등을 가하여 가공한 것으로 카카오 원료 함량이 7% 이상인 것 또는 카카오 버터를 2% 이상 함유하고 유고형분을 10% 이상 함량한 것을 말한다.
초콜릿 가공품	너트류, 캔디류, 비스킷류 등 식용 가능한 식품에 초콜릿, 밀크초콜릿이나 준초콜릿을 혼합, 피복, 충전, 접합 등의 방법으로 가공한 것을 말한다. 규격은 성상(고유의 향미를 가지고 이미·이취가 없어야 한다), 허용 외 타르 색소(블검출) 등으로 규정돼 있다.

4 Chocolate Suitable for Decoration

초콜릿 장식에 알맞은 초콜릿

초콜릿 장식은 케이크를 시각적으로 돋보이게 하는 동시에 디저트의 풍미와 식감에 기여하는 요소이다. 초콜릿 장식에 적합한 초콜릿을 고르는 가장 간단한 방법은 먼저 다크초콜릿, 밀크초콜릿, 화이트초콜릿 중 각각의 초콜릿에 함유된 카카오와 카카오 버터의 양에 따라 선별하는 것이다. 일반적으로 초콜릿은 카카오 함량이 높을수록 카카오 버터의 비중도 늘어난다.

카카오 버터가 많이 함유된 초콜릿일수록 흐름성(flowability)이 좋은데, 이것이 얇고 단단하면서 광택이 우수한 초콜릿 장식을 만들 수 있게 한다. 특히 카카오 함량이 35% 이상인 커버추어초콜릿은 점도가 낮고 흐름성이 좋아 녹였을 때 끈적거리지 않고 윤기가 나며 장식을 만드는 동안 기포가 적게 생겨 표면이 매끄러운 초콜릿 장식을 만들 수 있다. 하지만 카카오 함량이 높은 초콜릿일수록 무조건 좋은 것은 아니다. 카카오와 카카오 버터가 많이 함유됐다는 것은 곧 가격이 비싸다는 것을 의미하는데 이는 경제적인 부담을 주게 되므로 용도와 표현하고자 하는 풍미에 어울리는 초콜릿을 선택하는 것이 현명하다. 따라서 다크초콜릿의 경우 55~60%, 밀크초콜릿은 35~40%, 화이트초콜릿은 29~32%로 카카오를 함유하면서 카카오 버터가 31% 이상인 커버추어초콜릿을 사용하면 작업성이 좋고 경제적 부담도 줄일 수 있다.

커버추어초콜릿은 모양에 따라 판 모양의 블록형 초콜릿과 단추 모양의 드롭형 초콜릿 두 가지 종류가 있다. 블록형 초콜릿은 공기나 열에 노출되는 표면적이 적어 유통 기한이 드롭형 초콜릿에 비해 6개월 정도 긴 편이나 무겁고 자르기 힘들어 홈베이킹보다는 규모가 큰 업장에서 사용하기 알맞다. 반대로 드롭형 초콜릿은 계량 및 녹이는 작업 등을 간편하게 할 수 있지만, 비교적 유통 기한이 짧고 가격이 비싼 단점이 있다. 한편, 초콜릿은 각 제조사마다 레시피가 다르고 발효나 로스팅, 콘칭 온도 등이 다 다르기 때문에 여러 회사의 제품을 섞어 사용하면 고유의 맛이 떨어질 수 있다. 따라서 여러 초콜릿을 혼합해 사용할 경우 각 초콜릿의 특성을 잘 파악해 두는 것이 좋다.

○ 카카오버터 함량에 따른 초콜릿의 용도

지방 함량	27~29%	32~33%	34~36%
용도	필링용, 향미를 낼 때	몰딩용	코팅용
점도	높음		낮음

5 Golden Rules for Storage
초콜릿 보관법

초콜릿은 수분이 없어 유통 기한이 다른 식품에 비해 긴 편이지만, 카카오 버터 성분이 함유돼 보관에 유의하지 않으면 산패나 변질의 위험이 있다. 따라서 초콜릿을 구입할 때에는 유통 기한이 넉넉한 제품인지를 잘 확인하고 사야 한다. 또한 우리나라의 계절 특성상 고온다습한 여름을 지난 초콜릿의 품질은 그리 좋지 않으므로 여름에는 필요한 양만큼만 초콜릿을 구입해 사용하는 것이 좋다. 초콜릿은 온도 18℃, 습도 60%의 해가 들지 않는 서늘하고 건조한 곳(냉암소)에서 보관하는 것을 원칙으로 한다. 따라서 별도의 초콜릿 전용 냉장고(온도: 16~18℃, 습도: 60%)에 보관하는 것이 가장 바람직하다. 상황에 따라 일반 냉장고(온도: 3℃)에서 보관하는 경우, 작업장과 초콜릿의 온도 차이가 15℃ 이상이면 초콜릿 표면에 수분이 생기게 되고 끈적거리게 되는 원인이 되므로 냉장고에서 초콜릿을 꺼낼 때 주의해야 한다.

DATAIL _ 이것만 기억하자!

☑ 보관 온도는 18~20℃를 유지한다.

☑ 습도는 60% 이하를 유지한다.

☑ 본래의 포장 상태를 유지하고 개봉 후에는 밀봉해서 보관한다.

☑ 해가 들지 않으면서 청결하고 해충이 없는 곳에서 보관한다.

○ 알맞은 조건 하에서 보관 기한

보관 기한	6개월	9개월	12개월	18개월
초콜릿의 종류	드롭형 화이트초콜릿	드롭형 밀크초콜릿	드롭형 다크초콜릿 블록형 밀크초콜릿 블록형 화이트초콜릿	블록형 다크초콜릿

6 Equipment and Tools
초콜릿 작업에 필요한 장비와 도구

1 스테인리스 작업대 · 천연 대리석 판

스테인리스 작업대는 내구성이 좋으면서 수분에 강하고 위생적으로 관리할 수 있다는 면에서 제과 작업에 주로 사용된다. 하지만 열전도율이 높은 특징 때문에 작업장의 온도가 높으면 금방 더워져 초콜릿이 굳지 않고 작업하기 어려운 단점이 있다. 한편, 천연 대리석 판은 열전도율이 낮아 주위의 온도에 쉽게 영향을 받지 않고 세팅한 온도가 일정하게 유지되는 특성을 가지고 있어 초콜릿 작업에 가장 적합한 재질이라 할 수 있다. 대리석 판을 구입할 때는 2~3cm 정도 두께의 제품을 구매하는 것이 적당하며 마블 무늬의 값비싼 대리석보다는 견고하고 가격도 합리적인 대리석 구매를 추천한다. 대리석 판 대신 가격이 저렴한 플라스틱 판은 가벼워 사용하기 간편하지만 작은 충격에도 쉽게 부서지는 단점이 있다. 나무 재질의 작업대 또는 판은 표면의 나뭇결 사이로 박테리아나 곰팡이가 생기기 쉽기 때문에 절대 사용하지 않는다.

2 건발효실

초콜릿 또는 초콜릿 색소, 에어브러시 건을 보관하거나 녹일 때 사용한다. 일반 제빵용 발효실에서 물을 제거하고 사용하면 된다. 초콜릿을 녹일 때는 온도를 45~50℃로 맞춘다. 단, 바닥 부분의 열선에 초콜릿이 직접 닿으면 초콜릿이 탈 수 있으므로 초콜릿을 건발효실에서 보관할 때는 바닥에 놓지 말고 반드시 팬에 놓고 보관해야 한다.

3 전자레인지

소량의 초콜릿을 녹이거나 데울 때 사용한다. 초콜릿이 한 부분만 타는 경우가 있는데 이때는 전체에 탄 냄새가 배기 때문에 전량 폐기해야 한다. 따라서 본인이 가지고 있는 전자레인지의 특성을 파악하여 사용에 주의를 기울인다. 보통 드롭형 다크초콜릿 500g을 기준으로 2분→1분→30초 간격으로 작동시켜 실리콘 주걱으로 초콜릿을 섞어 가며 녹인다.

4 분쇄기

접종법 템퍼링에 쓰이는 초콜릿 분태를 만들거나 초콜릿을 갈아서 페이스트로 만들 때 사용한다. 이 밖에도 아몬드, 헤이즐넛 등의 견과류를 페이스트 또는 가루 상태로 만들 때, 타르트, 쿠키, 케이크 등의 제과 반죽을 만들 때, 가나슈 등을 유화시킬 때도 사용한다. 이 책에서는 주로 프랑스 호보쿠프사(Robot Coupe社)의 'blixer3' 모델을 사용했다. 국산 브랜드의 분쇄기를 구매할 경우 다지기 또는 블렌더라는 이름으로 판매되는 제품이 아닌, 분쇄기 또는 믹서로 판매되는 제품을 구매한다. 딱딱한 곡물이 완전히 가루 상태가 되는지를 확인한다.

5 소형 워머

고체형의 초콜릿을 녹이거나 템퍼링한 초콜릿의 온도를 유지하는 장비이다. 0~90℃까지 기계의 온도를 조절할 수 있다. 대량의 초콜릿을 녹일 때, 성형이나 디핑 등의 장시간 작업을 할 때, 겨울철에 초콜릿 작업을 할 때 유용하다. 소형 워머는 동그란 볼이 장착된 원형의 워머와 사각 형태의 볼이 있는 사각형 워머가 있다. 사각형 워머는 용량이 커 몰드 작업이나 5kg 이상의 초콜릿 작업을 할 때 알맞다.

6 열풍기

작업 중 일정 부위에 굳은 초콜릿을 녹이거나, 초콜릿, 색소 등으로 노즐이 막힌 에어브러시 건을 녹일 때, 겨울철 너무 차가워진 작업대의 온도를 높일 때 사용한다. 온도가 200℃ 이상까지 올라가 인체에 닿으면 화상을 입을 수 있으므로 주의해 다룬다. 또한 초콜릿에 너무 가까이 대어 작동시키면 초콜릿이 탈 수 있으므로 일정 거리를 두고 작업하도록 한다.

7 온도계

초콜릿의 온도를 확인하는 도구이다. 종류는 디지털 온도계와 적외선 온도계가 있다. 디지털 온도계는 많은 양의 초콜릿을 작업할 때 초콜릿의 내부 온도까지 정확하게 잴 수 있는 장점이 있다. 적외선 온도계는 비접촉식이라 사용이 간편하지만 실내 온도, 측정 거리, 초콜릿 양 등에 따라 오차가 발생할 수 있어 주의해야 한다. 따라서 적외선 온도계로 온도를 측정할 때는 초콜릿 표면에 가깝게 대고 2~3곳을 체크해 온도를 측정하도록 한다.

8 습도계

작업장의 습도를 재는 도구. 초콜릿 작업에 이상적인 습도는 50~55%로 그보다 습도가 높은 곳에서 작업하게 되면 초콜릿이 되직해지고 광택이 줄며 곰팡이 발생의 원인이 된다. 습도가 높은 여름철에는 습도계와 함께 제습기를 작업장에 두고 습도 조절에 신경을 써야 한다.

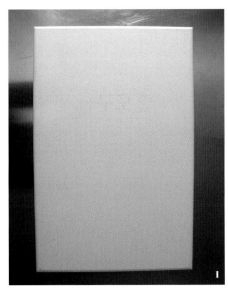

9 핸드블렌더

바 믹서라고도 한다. 녹인 초콜릿을 균일하게 갈거나 가나슈, 크림, 젤라토 등의 재료를 고르게 유화시키는 작업에 필요한 도구로 700W 이상의 핸드블렌더를 사용하는 것이 좋다. 유화 작업을 할 때에는 핸드블렌더의 날을 재료 속에 완전히 담가 기포가 과도하게 생기지 않도록 한다.

10 컴프레서

에어브러시로 분출되는 공기나 그 밖의 기체를 압축하는 기계이다. 너무 무겁지 않으면서 소음이 적은 소형 컴프레서를 구매한다. 이 책에서는 비틀벅사(社)의 '비틀벅 탱크 콤프레샤 BBT-001'를 사용했다. 전원 버튼을 켠 다음 압력 조절 다이얼을 돌려 원하는 압력으로 세팅해 사용하면 된다. 에어브러시 건과 연결하는 에어호스는 꺾이면 쉽게 찢어지므로 따로 빼서 보관한다.

11 에어브러시 건

초콜릿용 색소나 녹인 초콜릿을 분사할 때 필요한 장비이다. 작업 전에 미리 건발효실에 넣어 분사 도중 색소나 초콜릿이 굳지 않도록 한다. 사용 후에는 색소를 끝까지 분사하고 키친타월로 통에 묻은 색소를 닦은 후 따뜻한 식용유를 20㎖ 정도 넣고 색소가 나오지 않을 때까지 분사해 막히지 않도록 관리한다.
에어브러시 건 노즐의 크기는 용도에 따라 선택한다. 초콜릿 몰드에 분사하는 경우에는 노즐의 지름이 0.3~1mm인 것이 적당하다. 몰드 안에 세밀한 채색 또는 무늬를 그릴 때는 노즐의 지름이 작은 것을, 몰드 전체에 분사할 경우에는 지름 1mm의 노즐을 사용하면 된다. 케이크나 중대형 공예 피스에 분사할 경우에는 지름 0.8~1.5mm의 노즐을 사용하며 각 에어브러시 건에 맞는 컴프레서를 선택해 구입한다.

12 볼

스테인리스 볼은 쉽게 뜨거워지거나 차가워져 온도를 조절하기 쉽지만 온도가 낮은 곳에서 작업할 때 초콜릿이 금방 굳는 단점이 있다. 반면, 플라스틱 볼은 중탕으로 초콜릿을 녹이거나 얼음물에 받쳐 냉각시킬 때 시간이 비교적 오래 걸리지만, 열전도율이 낮아 초콜릿이 굳는 현상이 덜하고 장시간 작업할 수 있는 장점이 있다.

13 스패튤러

초콜릿을 템퍼링하거나 균일한 두께로 펴 바를 때 사용하는 도구이다. 주로 손잡이와 날이 90도로 꺾어진 L자형 스패튤러를 사용하는데 경우에 따라 손잡이와 날이 수평인 일자형 스패튤러를 쓰기도 한다.

14 플라스틱 스크레이퍼 · 페뉴

끝이 평평한 플라스틱 스크레이퍼는 내용물이 들어 있는 짤주머니를 밀어 정리하거나, 초콜릿 작업에 쓰이는 비닐을 작업대 등에 고정시킬 때, 기포를 제거할 때 사용한다. 머리빗처럼 생긴 페뉴는 초콜릿 표면에 줄무늬 등을 낼 때 주로 쓴다.

15 쇠솔

초콜릿에 나무껍질 같은 거친 질감을 표현하고자 할 때 사용한다. 손잡이가 달린 슬림한 형태를 추천한다.

16 실리콘 주걱

녹인 초콜릿을 고루 섞거나 깔끔하게 정리하는 데 쓴다. 실리콘 소재의 주걱은 고온이나 저온에서 변형이 적고 초콜릿 작업을 할 때 세척이 쉬운 장점이 있다. 실리콘 주걱을 고를 때는 주걱의 한쪽은 둥글고 다른 한쪽은 각진 모양을 선택하는 것이 좋다. 또한 손잡이와 주걱이 분리된 것보다는 통으로 된 것이 더 위생적이고 오래 사용할 수 있다.

17 다용도 비닐

투명하고 광택이 우수한 OPP(Oriented Poly Propylene) 재질, 또는 비교적 저렴하면서 작업성이 좋은 PE(Poly Ethlene) 재질의 비닐을 사용하며 두께는 0.05~0.1mm 정도가 적당하다. 비닐은 이물질의 혼입을 방지하기 위해 색이 있는 것을 사용하는 것이 좋다. 비닐의 두께가 얇으면 초콜릿을 굳히는 도중 초콜릿의 수축을 견디지 못해 초콜릿 표면에 주름이 생기고 흔적이 남게 된다. 또 너무 두꺼운 비닐은 비닐에서 굳힌 초콜릿을 뗄 때 초콜릿이 부서지기도 하며 커터 등으로 찍는 작업에 부적합하다.

18 초콜릿용 스크레이퍼

템퍼링, 작업대 표면의 초콜릿을 긁어내거나 자를 때, 몰드 작업을 할 때 필요한 도구이다. 스테인리스로 만들어진 날이 조금이라도 휘어 있으면 작업을 할 때 초콜릿과 완전히 밀착되지 않아 미세한 초콜릿 부스러기가 생기고, 작업의 완성도가 떨어진다. 그러므로 날이 휘지 않고 수평이 맞는 것을 신중하게 골라 사용한다.

19 스테인리스 튀일팬

성형이 끝난 초콜릿을 넣어 굴곡을 만들 때 쓴다. 구하기 어려울 경우에는 바게트 틀로 대체할 수 있다.

20 짤주머니

녹인 초콜릿이나 크림, 가나슈 등을 넣고 짤 때 사용한다. 재질은 주로 방수천 또는 비닐 재질로 만들어지는데 초콜릿은 굽는 과정이 없으므로 천으로 된 짤주머니보다는 1회용 비닐 짤주머니가 위생적이다. 초콜릿을 붙일 때 사용하는 8인치 소형 짤주머니부터 12, 14, 18인치까지 크기별로 구비한다.

21 쿠키 커터

초콜릿 재단에 사용한다. 다양한 모양이 있으며 칼로 재단하는 것보다 모양과 크기가 일정하다는 장점이 있다. 스테인리스 재질의 커터 이음새 부분의 마감이 정교하고 견고하며 수평이 잘 맞는 것을 구입한다.

9

10,11

12

15

13

14

16

12~16

17

18~21

22 과도 · 자 · 미술용 나이프

초콜릿을 자르거나 다듬을 때 필요한 도구이다. 칼날이 예리하고 끝부분이 뾰족한 과도를 사는 것이 좋다. 자는 초콜릿을 재단할 때 주로 사용하는데 위생적인 면을 고려해 스테인리스 재질의 자가 적합하다. 미술용 나이프는 깃털 모양의 초콜릿을 만들 때 사용하는 도구로 날의 끝이 뾰족하고, 폭 1.1㎝, 전체 길이 6.7㎝인 것이 적당하다.

23 밀대

양면에 광택이 나는 초콜릿을 만들 때, 플라스틱초콜릿을 평평하게 밀어 펼 때, 초콜릿에 굴곡을 주어 굳힐 때 쓰인다. 재질은 나무, 스테인리스, 플라스틱, 대리석 등이 있는데 무게감이 있으면서 반듯한 슈거크래프트용 플라스틱 밀대를 추천한다. 3~5㎝까지 다양한 크기가 있으며 원하는 크기가 없을 때는 배관용 PVC 파이프를 구입해 사용하면 된다.

24 파이 롤링 커터

본래 파이, 타르트, 페이스트리 반죽 등을 재단할 때 사용하는 도구로 원하는 크기로 간격을 설정하면 한 번에 여러 개의 초콜릿을 빠르게 자를 수 있어 유용하다.

25 붓

털이 잘 빠지지 않는 붓을 선택하고, 사용 후 깨끗이 세척해 건조시켜 보관한다. 초콜릿 표면에 무늬를 낼 때는 비교적 힘이 있는 돈모 재질의 빵용 붓을, 초콜릿 색소를 칠할 때는 섬세한 터치가 가능한 미술용 붓을, 초콜릿 표면에 파우더 타입의 색분을 칠할 경우에는 메이크업용 블러셔 붓이 적합하다.

26 플렌저 커터

플라스틱 초콜릿, 슈거크래프트, 마지팬 등에 사용하는 커터로 다양한 모양이 있으며 양각 무늬를 연출한다.

27 철팬 · 철판

철팬은 완성한 초콜릿을 정리해 보관하는 용도로 사용한다. 철판은 초콜릿을 평평하게 굳힐 때 활용하는 도구로, 템퍼링한 초콜릿을 성형한 다음 윗면에 올려 초콜릿이 굳으면서 수축할 때 휘지 않도록 한다.

28 식힘망

여분의 초콜릿을 비우거나 털어낼 때, 트뤼프와 같은 봉봉 초콜릿의 표면에 울퉁불퉁한 질감을 내고 싶을 때 활용한다. 메탈 재질로, 형태는 일자형과 격자무늬형이 있다.

29 실리콘매트

매트 위에 비닐을 깔고 초콜릿을 펼치는 작업을 할 때 사용한다. 작업대에 초콜릿이 묻지 않아 청결하게 작업할 수 있다. 사용 후에는 중성세제로 닦아 구부리거나 접지 말고 펼쳐서 건조시킨다. 접어서 보관하면 접힌 부분이 갈라져 실리콘매트가 찢어지는 원인이 되므로 주의한다.

30 아크릴 판

온도에 영향을 덜 받는 재질로, 아크릴로 만든 판 위에서 초콜릿 작업을 하면 도중에 초콜릿이 빠르게 굳지 않아 작업 시간을 확보할 수 있다.

31 테프론 시트

초콜릿 공예 작업을 할 때 작업대에 깔고 초콜릿을 부어 굳히는 데 사용한다. 굳힌 초콜릿을 쉽게 뗄 수 있어 깔끔하게 제품을 만들 수 있는 장점이 있다. 또한 재질이 유연하고 세척 및 보관이 쉬워 비교적 오랫동안 사용할 수 있다. 테프론 시트를 세척할 때는 반듯하게 펴 앞뒤로 닦고 물기를 제거한 다음 철팬으로 덮어 오븐에서 건조시킨다. 테프론 시트는 오븐에서 250℃까지 견디며 전자레인지, 냉장고, 냉동고에서도 사용할 수 있다.

32 전사지

투명 필름 위에 카카오 버터로 만든 초콜릿 색소를 실크 스텐실 기법으로 프린트한 것이다. 템퍼링한 초콜릿 위에 올려 밀착시키고 굳히면 전사지의 무늬가 그대로 초콜릿에 옮겨진다. 사용하기 전 미리 프린팅된 면을 확인하고, 체온 정도에도 쉽게 녹을 수 있으니 보관에 유의한다. 봉봉 초콜릿이나 초콜릿 공예품에 질감을 표현할 수 있는 입체 전사지도 있다. 입체 전사지는 사용 후 따뜻한 물에 씻은 다음 완전히 건조시켜 보관하면 재사용할 수 있다.

33 초콜릿 몰드

몰드는 폴리카보네이트, 실리콘, 스테인리스, 기타 플라스틱 등 여러 가지 소재가 있다. 몰드의 재질이나 사용 직전 몰드의 상태에 따라 초콜릿의 광택 정도가 다르게 표현되므로 적절한 것을 선택해 사용한다. 내부가 긁혔거나 모양이 변형된 것은 사용하지 않는 것이 좋으며 작업 전 몰드의 윗면이 수평인지를 항상 체크한다. 보관은 실온에서 한다.

22-25

26

27-30

31

32

33

7 <u>Tempering</u>
템퍼링

템퍼링은 왜 해야 하나?

커버추어초콜릿으로 작업하기 위해서는 일단 초콜릿을 녹였다가 원하는 모양으로 성형해 굳혀야 하는데 템퍼링을 하지 않고 초콜릿을 굳히면 잘 굳지 않는다. 냉장고에 넣어 낮은 온도로 억지로 굳힌다해도 만지면 잘 부스러지고 광택이 탁하며 표면에 얼룩이 생긴다. 이렇게 되는 이유는 초콜릿에 함유된 카카오 버터의 다형성 때문이다. 카카오 버터는 온도 또는 압력의 변화에 따라 γ(감마), α(알파), β'_1, β'_2(베타 프라임1, 2), β_1, β_2(베타 1, 2)의 구조가 다른 6가지 형태로 바뀐다. 이는 다시 말해 카카오 버터의 결정 구조에 따라 여러 가지 형태와 녹는점을 가질 수 있으며, 최종 초콜릿의 풍미와 텍스처, 광택에 차이가 날 수 있음을 의미한다. 특히 베타 결정은 녹는점이 가장 높고 지방 분자가 작고 촘촘하게 밀집돼 있어 광택이 가장 우수하고 입 안에서 바로 녹으며, 보관 중 녹거나 블룸 현상이 생길 가능성이 적다. 따라서 좋은 상태의 초콜릿을 얻으려면 카카오 버터 결정 구조 중에서도 가장 안정적인 구조인 β(베타) 결정을 미리 만드는 과정(precrystallization)을 거쳐야 하는데, 이것이 바로 템퍼링을 해야 하는 이유이다.

○ **카카오 버터의 결정 구조**

구분		녹는 온도	상태
1번 구조	γ(감마)	16~18℃	연함, 잘 부스러짐, 쉽게 녹음
2번 구조	α(알파)	22~24℃	연함, 잘 부스러짐, 쉽게 녹음
3번 구조	β'_2(베타 프라임 2)	24~26℃	단단함, 약하게 부러짐, 쉽게 녹음
4번 구조	β'_1(베타 프라임 1)	26~28℃	단단함, 부러짐, 쉽게 녹음
5번 구조	β_2(베타 2)	32~34℃	윤기남, 단단함, 단단하게 부러짐, 37℃ 이상에서 녹음
6번 구조	β_1(베타 1)	34~36℃	딱딱함, 잘 녹지 않음

DATAIL _ 템퍼링이 잘 되지 않은 초콜릿은?

☑ 응고되면서 여러 가지 형태의 결정들이 나타날 수 있다.

☑ 카카오 버터의 결정이 불안정해 융점이 16~35℃까지 폭넓어진다. 이렇게 되면 초콜릿이 너무 잘 녹거나 녹지 않는 등의 문제를 보이며 다루기 힘들어지고 잘 굳지도 않는다.

☑ 기름진 하얀 얼룩이 생긴다.(팻 블룸 현상)

☑ 광택이 나지 않는다.

템퍼링이 이루어지는 과정

1단계(①)	2단계(② ~ ③)	3단계(④)	4단계(⑤)
녹이기 초콜릿을 중탕으로 녹여 초콜릿 속 카카오 버터를 완전히 녹인다.	카카오 버터 결정 만들기 결정화가 신속하게 진행되는 온도로 초콜릿을 식힌다.	안정적인 결정 구조(β)만 남기기 32℃로 데워 불안정한 결정을 녹이고 β 결정만 남긴다.	β 결정으로 굳히기 온도 18℃에서 β 시드(seed) 결정이 성장하고 확장된다.

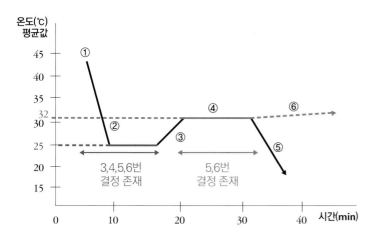

템퍼링은 위의 4단계 과정을 거쳐 완성된다. 다크커버추어초콜릿의 템퍼링 온도를 기준으로 설명하자면 먼저 1단계에서는 초콜릿을 녹여 초콜릿 속 모든 카카오 버터를 녹인다. 이때 40℃에서는 녹지 않은 유지 입자가 남아 있을 수 있으므로 45~50℃로 녹인다. 2단계에서는 5번 구조의 카카오 버터가 결정을 이루는 27℃로 온도를 낮춰 1~4번 결정 구조를 제외하고 안정적인 5~6번 베타형 구조만 결정화되도록 한다. 하지만 이 단계에서 불안정한 4번 결정체도 같이 만들어지기 때문에 3단계에서는 온도를 다시 32℃로 올려 불필요하게 생성된 4번 결정을 없애고 안정적인 5번 구조가 사슬처럼 단단한 구조를 이루도록 한다. 4단계에서는 15~18℃로 냉각해서 초콜릿을 굳힌다. 이때 템퍼링으로 생긴 베타 결정은 전체적으로 결정이 커져 나가도록 촉진하는 씨앗 역할을 한다.

템퍼링 온도는 초콜릿의 종류에 따라 아래의 표와 같이 조금씩 차이를 보인다. 뿐만 아니라 같은 종류의 초콜릿이라도 카카오의 함량에 따라, 템퍼링 방법에 따라, 작업 도구에 따라 1~2℃ 내외로 온도 차이를 보인다. 따라서 템퍼링 작업을 하기 전 사용하는 초콜릿의 특성을 파악하는 것이 중요하다. 한편, 초콜릿에 분유 등이 포함된 밀크커버추어초콜릿이나 화이트커버추어초콜릿을 템퍼링할 경우, 카카오 버터는 분유 속 유지방과 만나 변형되면서 결정화가 늦어지게 된다. 이때에는 온도를 더 낮춰 템퍼링을 진행해야 하는데, 그 과정이 까다롭기 때문에 결정화 과정에 더 세심한 주의를 기울여야 한다.

결론적으로, 템퍼링에서는 안정된 5번 구조의 카카오 버터 결정을 최대한 많이, 작은 입자로 만들기 위해 일정한 시간과 공을 들여야 불필요한 결정체가 사라지고 안정적인 결정체가 만들어지게 된다.

○ 초콜릿별 템퍼링 온도

구분	1단계 녹이기	2단계 결정 만들기	3단계 5번 구조 만들기	4단계 초콜릿 보관
다크커버추어초콜릿	45~50℃	27~28℃	31~32℃	15~20℃
밀크커버추어초콜릿	40~45℃	26~27℃	30~31℃	15~20℃
화이트커버추어초콜릿	38~40℃	25~26℃	29~30℃	15~20℃

8 **Tempering Methods**
템퍼링 방법

템퍼링 방법은 작업장의 환경, 초콜릿의 양, 작업 시간 등을 고려해 본인에게 적합한 방법을 선택하면 된다.

대리석법 Tabling

18~20℃의 대리석 위에 40~50℃ 정도로 녹인 초콜릿 2/3를 부어 펼친 다음 스패튤러와 스크레이퍼를 사용해 온도를 26~28℃로 낮춘다. 그리고 남은 초콜릿에 넣어 다시 30~32℃로 온도를 올리면 완성이다. 대량의 초콜릿을 빠르게 템퍼링할 수 있지만, 작업자의 숙련도가 동반되어야 한다.

접종법 Seeding

녹인 초콜릿에 잘게 부순 초콜릿을 섞어 결정화시키는 방법이다. 먼저, 초콜릿의 2/3는 45℃로 완전히 녹이고 나머지 1/3은 분쇄기로 잘게 부순다. 두 초콜릿을 섞고 부순 초콜릿이 녹인 초콜릿의 열을 흡수해 부드러워지도록 5분 동안 그대로 둔 후 실리콘 주걱으로 저어 섞는다. 그 다음 핸드블랜더로 33℃가 넘지 않도록 저속에서 간 뒤 실리콘 주걱으로 다시 잘 저어 31~32℃로 최종 온도를 맞추면 된다. 접종법은 작업이 쉽고 편리하며 많은 양의 초콜릿을 한꺼번에 템퍼링할 수 있다.

수냉법 Water Bath

작업장 온도가 높거나 소량의 초콜릿을 템퍼링할 때 알맞은 방법이다. 초콜릿을 45℃로 녹여 15~18℃의 물로 27~29℃까지 식힌 다음 다시 32℃로 온도를 올려서 사용하면 된다. 수냉법으로 템퍼링할 때에는 플라스틱 볼보다는 열전도율이 높은 스테인리스 볼로 작업하는 것이 효율적이다. 작업 중 물이 초콜릿에 들어가지 않도록 주의해야 한다.

오버나이트법 Over-night Technique

커버추어초콜릿은 매우 안정적으로 템퍼링이 완성된 결정체이기 때문에 융점 부근에서 매우 천천히 용해된다. 오버나이트법은 이러한 커버추어초콜릿의 특성을 이용해 초콜릿 속 안정적인 결정 구조인 β 구조를 유지하면서 서서히 녹이는 방법이다. 오버나이트법으로 초콜릿을 템퍼링하기 위해서는 정확한 온도 조절 장치가 필요하다. 이 온도 조절 장치에 초콜릿을 넣고 다크초콜릿은 34~35℃, 밀크초콜릿은 32~33℃, 화이트초콜릿은 31~32℃로 온도를 설정해 다음날 아침까지 두면 된다. 다음날 초콜릿의 상태를 확인했을 때 초콜릿이 너무 되직하면 초콜릿 속에 너무 많은 결정 구조가 존재한다는 의미이므로 적절한 되기가 될 때까지 조금씩 가열하고 동시에 지속적으로 교반해 온도를 유지한다. 반대로 초콜릿의 상태가 질면 β 결정 구조가 모두 녹아 버려 템퍼링이 깨진 것으로 보고 다음 작업을 할 때 약간 낮은 온도로 세팅한다. 블록 형태의 초콜릿을 오버나이트법으로 템퍼링 할 경우에는 미리 뜨겁지 않게 녹여 사용한다.

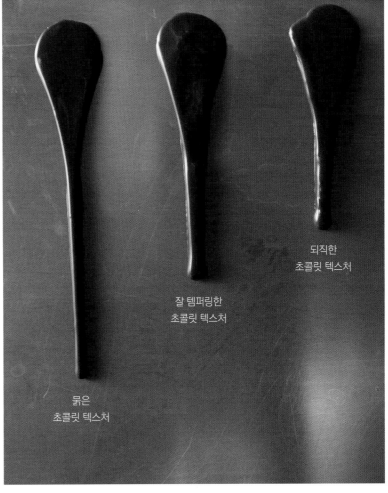

되직한
초콜릿 텍스처

잘 템퍼링한
초콜릿 텍스처

묽은
초콜릿 텍스처

EZtemper를 이용한 템퍼링

알투스사(社)의 이지템퍼(EZtemper)라는 템퍼링 보조 장치를 사용하는 방식이다. 이지템퍼는 카카오 버터를 크림 상태로 만드는 기계인데 이렇게 만들어진 카카오 버터의 결정을 녹인 초콜릿에 넣으면 빠르게 템퍼링할 수 있다. 사용하는 방법은 전날 이지템퍼에 고체의 카카오 버터를 넣고 온도를 33℃로 설정해 하룻밤 두면 다음날 카카오 버터가 부드러운 크림 상태가 된다.

이 카카오 버터 페이스트가 녹지 않도록 34~35℃로 녹인 초콜릿에 초콜릿 양의 1%에 해당하는 양을 넣어 고루 섞으면 템퍼링이 완성된다. 가나슈를 만들 때도 이 카카오 버터 페이스트를 1% 미만으로 넣어 템퍼링하면 빠르게 굳을 뿐 아니라 바로 잘라 디핑 작업이 가능하다.

템퍼링 확인하기

템퍼링 작업이 끝나면 비닐이나 과도, 스패튤러의 끝에 템퍼링한 초콜릿을 묻혀 굳는 상태를 보고 템퍼링의 품질을 판단한다. 이때 초콜릿이 잘 굳지 않고 겉면에 얼룩이 생기며 광택이 적은 상태를 '언더 템퍼링(Under tempering)'이라 하는데, 이는 안정적 상태의 β 결정이 적은 것으로 초콜릿을 다시 냉각해 섞는 시간을 조금 더 늘리면 해결할 수 있다.

반면에 초콜릿이 되직하고 기포가 있으며 표면에 회색 줄이 생기는 경우는 결정체가 너무 많이 존재한다는 것을 의미한다. 이렇게 카카오 버터의 결정체가 너무 많으면 초콜릿의 텍스처가 되직해져 작업하기 어려우며, 초콜릿이 굳을 때 수축이 덜 되고 저장 기간도 짧아지게 된다. 이를 '오버 템퍼링(Over tempering)'이라 한다. 오버템퍼링의 경우에는 온도를 0.5℃씩 서서히 높여 초콜릿을 묽게 만들면서 β 결정이 일정 수만 남도록 조절하거나, 결정화 단계를 거치지 않은 녹인 초콜릿 즉, 템퍼링 하지 않고 녹인 초콜릿을 조금 첨가해 사용하면 된다.

템퍼링을 마친 초콜릿은 바로 사용해야 가장 좋은 상태로 작업할 수 있으므로 참고한다. 이 밖에도 전문 템퍼링 측정 기기를 사용해 템퍼링을 확인하기도 하는데, 템퍼링한 초콜릿의 외관, 점도, 광택을 수치로 정확하게 확인할 수 있다. 이 수치를 통해 냉각 표면 온도나 수축 시간 등을 수정해 템퍼링 정도를 조절할 수 있다.

템퍼링 확인

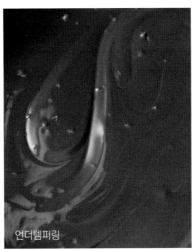

언더템퍼링

오버템퍼링

팻 블룸

슈거 블룸

초콜릿에 핀 하얀 꽃, 블룸 현상 Bloom

템퍼링 또는 보관이 잘못된 초콜릿의 표면에 하얀 무늬나 반점이 나타나는 현상이다. 이때 생긴 흰 얼룩이 꽃과 닮았다 하여 영어로 꽃을 뜻하는 '블룸(Bloom)'이라 이름 붙여졌다. 블룸 현상에는 두 가지가 있는데 카카오 버터가 원인인 '팻 블룸(Fat bloom)'과 설탕이 원인인 '슈거 블룸(Sugar bloom)'이 있다.

팻 블룸 Fat Bloom

템퍼링이 정확하게 되지 않아 카카오 버터가 제대로 결정화되지 못하고 굳어 표면에 흰 얇은 막이 생기는 현상이다. 온도 변화가 심한 곳에 초콜릿을 보관할 때도 팻 블룸이 일어난다.

슈거 블룸 Sugar Bloom

초콜릿을 습한 곳에 장시간 보관하면 물기가 초콜릿 표면의 설탕을 녹이게 되는데, 이후 수분이 증발하면 설탕이 초콜릿 표면에서 재결정화돼 회색 반점이 생긴다. 급작스러운 온도 변화가 일어날 때에도 슈거 블룸 현상이 나타날 수 있다.

초콜릿 작업을 할 때
주의해야 할 4가지 요소

온도

초콜릿 작업을 할 때 작업장의 온도는 18~20℃를 유지한다. 온도가 높으면 열에 의해 카카오 버터의 결정 구조가 불안정해지며 이때 비교적 가벼운 지방 성분이 초콜릿 표면에 떠 서서히 결정화되면서 팻 블룸을 일으킨다.

습도

초콜릿은 습도에 많은 영향을 받는다. 습도가 높은 곳에서 초콜릿 작업을 하면 초콜릿의 점도가 높아지고 맛이 저하된다. 또한 미생물이 증식해 위생적으로도 좋지 않다. 이밖에도 초콜릿 표면이 습기에 녹았다가 다시 굳으면서 슈거 블룸 현상을 일으킬 수 있다. 따라서 작업장의 습도는 65% 이하의 건조한 상태를 유지하도록 한다.

빛

빛에 노출된 초콜릿은 산화되어 색이 변하고 맛이 떨어진다. 사용하고 남은 초콜릿은 밀봉하여 어두운 곳에 보관하도록 한다.

냄새

초콜릿은 주변의 냄새를 흡수하는 '흡향성'을 가지고 있다. 따라서 냉장고나 냉동고와 같이 다른 식재료가 보관된 곳에 두는 것은 좋지 않다. 초콜릿 전용 냉장고에 보관하고 부득이하게 냉장고나 냉동고에 보관해야 할 경우에는 주위의 냄새가 배지 않도록 밀봉하여 보관한다.

9 Making Coloring for Chocolate
초콜릿 색소 만들기

기본 삼원색

빨간색, 파란색, 노란색 초콜릿 색소는 녹인 카카오 버터 양의 5%에 해당하는 초콜릿용 분말 색소를 넣고 잘 섞어 만든다. 초콜릿용 분말 색소는 카카오 버터와 섞을 때 잘 섞이지 않고 다른 곳에 묻으면 쉽게 지워지지 않는다. 따라서 먼저 포크를 이용해 고루 휘저어 섞고 핸드블렌더로 다시 믹싱한 다음 고운 체에 내려 32℃로 온도를 높여 사용한다. 남은 색소는 햇볕이 들지 않는 서늘한 곳에 보관하고 사용하기 전 워머나 전자레인지에서 35℃가 넘지 않도록 녹여 사용한다.

○ **삼원색 조색 예**
· **노란색** 카카오 버터 200g +
  초콜릿용 노란색 분말 색소 10g

1 비커에 카카오 버터를 넣고 40℃로 녹인다.
   tip 50℃를 넘지 않도록 주의한다.
2 녹인 카카오 버터에 초콜릿용 노란색 분말 색소를 넣고 포크로 휘저어 섞는다.
3 핸드블렌더로 다시 고루 섞고 체에 내린다.
4 27℃까지 식힌 다음 다시 온도를 32℃로 올린다.
   tip 처음 만들 때만 색소를 템퍼링해 유지가 분리되지 않고 안정적인 상태가 될 수 있도록 한다.
5 냉암소에 보관한다.

파스텔 컬러

빛이 비치는 원색 색소에 초콜릿을 바르면 색이 가려져 눈에 띄지 않는다. 때문에 파스텔 컬러의 색소를 만들어 사용한다. 파스텔 컬러를 조색하는 방법은 흰색 초콜릿 색소 베이스에 원하는 색감의 초콜릿 색소를 7:3의 비율로 섞어 사용하면 된다. 이렇게 하면 빛이 투과되지 않아 초콜릿에 파스텔 컬러를 선명하게 입힐 수 있다. 단, 흰색 초콜릿 색소를 만들 때 사용하는 이산화 타이타늄은 현재 국내에서는 인체 유해성의 문제로 카카오 매스, 카카오 버터, 코코아파우더 등에 사용이 금지돼 있으므로(식품 첨가물 및 혼합제재류, 품목별 사용기준 II-5-3 참고) 식용 제품에는 사용하지 않고 공예용으로만 사용한다.

○ **파스텔 컬러 조색 예**

· **분홍색** 빨간색 초콜릿 색소 70g
　+ 흰색 초콜릿 색소 30g

___

1　빨간색 초콜릿 색소와 흰색 초콜릿
　　색소를 녹여 준비한다.

2　비커에 색소를 모두 넣고 가볍게
　　섞는다.

3　핸드블렌더로 다시 고루 믹싱해
　　체에 내린다.

4　35℃로 온도를 맞춰 사용한다.

원색 컬러 레시피

- **빨간색** 카카오 버터 200g + 초콜릿용 빨간색 분말 색소 10g
- **주황색** 노란색 초콜릿 색소 40g + 초콜릿용 빨간색 분말 색소 10g
- **노란색** 카카오 버터 200g + 초콜릿용 노란색 분말 색소 10g
- **초록색1** 노란색 초콜릿 색소 60g + 초콜릿용 파란색 분말 색소 40g
- **초록색2** 노란색 초콜릿 색소 60g + 초콜릿용 파란색 분말 색소 30g
- **파란색** 카카오 버터 200g + 초콜릿용 파란색 분말 색소 10g
- **흰색** 카카오 버터 200g + 이산화 타이타늄 10g
- **검은색** 카카오 버터 300g + 초콜릿용 파란색 분말 색소 16g +
  초콜릿용 빨간색 분말 색소 8g + 초콜릿용 노란색 분말 색소 4g

파스텔 컬러 레시피

- **분홍색** 빨간색 초콜릿 색소 70g + 흰색 초콜릿 색소 30g
- **살구색** 주황색 초콜릿 색소 70g + 흰색 초콜릿 색소 30g
- **레몬색** 노란색 초콜릿 색소 70g + 흰색 초콜릿 색소 30g
- **연두색** 초록색 초콜릿 색소 70g + 흰색 초콜릿 색소 30g
- **하늘색** 파란색 초콜릿 색소 70g + 흰색 초콜릿 색소 30g
- **회색** 검은색 초콜릿 색소 70g + 흰색 초콜릿 색소 30g

10 <u>Molding</u>
몰딩

몰딩은 초콜릿 몰드를 이용해 초콜릿 셸을 만들고 안쪽에 가나슈, 콩피 등의 부드러운 필링을 채워 제품을 만드는 방법이다. 같은 모양의 제품을 손쉽게 만들 수 있으며 몰딩으로 만든 초콜릿은 우수한 광택을 보인다. 색소 작업 등을 통해 시각적으로 특별한 효과도 줄 수 있어 봉봉 초콜릿뿐만 아니라 초콜릿 공예에도 두루 활용되는 기법이다.

○ **몰딩 방법**

1 몰드에 국자를 이용해 템퍼링한 초콜릿을 가득 채운다.
tip 짤주머니를 이용해 초콜릿을 채워도 된다.

2 스패튤러로 윗면을 정리하고 가장자리에 넘친 초콜릿을 제거한다.

3 몰드의 옆면을 초콜릿용 스크레이퍼로 두드려 초콜릿 속 기포를 제거한다.
tip 기포는 초콜릿 표면의 미세한 구멍(핀홀)의 원인이 되므로 제거한다.

4 몰드를 뒤집고 두드려 필요한 두께를 제외한 나머지 초콜릿을 털어 낸다.

5 몰드 윗면을 스크레이퍼로 긁어 깨끗하게 정리한다.

6 몰드를 반듯이 놓고 온도 18℃, 습도 60% 초콜릿 전용 냉장고에서 굳힌다.
tip 몰드를 뒤집어 굳히면 초콜릿이 굳은 뒤 몰드를 들다가 초콜릿 셸이 빠져 떨어질 수 있다.
tip 초콜릿 속 열기를 낮춰줄 차가운 공기가 충분하지 않으면 초콜릿이 굳을 때 카카오 버터가 초콜릿 표면에 떠 올라 얼룩이 생길 수 있다. 따라서 몰딩 후에는 통풍이 원활하고, 냉방 장치가 설치된 곳에서 초콜릿을 굳히는 것이 좋다.

7 초콜릿이 충분히 수축했는지 확인한 다음 초콜릿 몰드에서 셸을 뺀다.

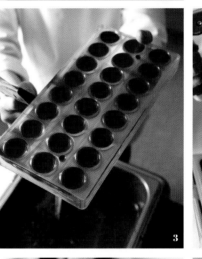

몰딩의 4가지 키포인트
4 Key-points for Moulding

작업장의 온도

초콜릿 몰딩 작업을 할 때 작업장 온도는 20~22℃, 습도는 65% 이하를 유지하는 것이 바람직하다. 이보다 낮은 온도에서 작업하게 되면 초콜릿이 빨리 굳어 몰드에 초콜릿이 두껍게 입혀지거나 표면에 기포가 생길 수 있다. 반대로 작업장의 온도가 22℃보다 높으면 초콜릿이 천천히 굳기 때문에 몰딩 면에 초콜릿이 얇게 입혀져 깨지기 쉽고, 얇은 초콜릿은 수축이 제대로 일어나지 않기 때문에 굳은 뒤에도 몰드에서 잘 떨어지지 않는다. 한편, 몰딩 작업을 하기 전 몰드를 작업장에 일정 시간 미리 꺼내 두어 실내 온도와 몰드의 온도를 동일하게 맞추면 좋은 완제품을 만드는 데 도움이 된다. 또한 작업장의 습도가 높아지지 않도록 개수대는 작업 공간과 떨어진 곳에 설치하며 개수대 주변에 비닐 커튼을 설치해 습기를 막는다.

몰드 관리

몰드는 사용할 때마다 세척할 필요는 없지만, 매우 작은 흠집이나 손자국도 초콜릿 모양에 큰 영향을 미칠 수 있다. 그러므로 장기간 사용하지 않을 때는 몰드를 잘 관리해야 한다. 먼저 사용한 몰드는 드라이어로 열을 가해 부드러운 천이나 솜으로 몰드에 남아 있는 초콜릿이나 얼룩을 닦아 낸다. 이후 이물질에 오염되지 않도록 비닐 등으로 포장해 건조하고 서늘한 곳에 보관한다. 세척을 위해 몰드 윗부분을 무딘 도구 등으로 긁게 되면 몰드가 망가져 작업을 할 때 초콜릿이 잘 분리되지 않는 원인이 되니 주의한다. 불가피하게 물로 몰드를 세척할 경우에는 별도의 세제는 사용하지 않고 따뜻한 물에서 부드러운 스펀지로 닦아 이물질을 제거한다. 이후 물기를 닦아 건조시켜 보관하고 사용할 때는 알코올을 뿌린 뒤 솜으로 닦는다.

○ 몰드의 재질별 특징

재질	장점	단점
금속(Metal)	• 초콜릿이 고르게 굳고 완제품의 광택이 좋다. • 몰드가 쉽게 변형되지 않아 오래 사용할 수 있다.	• 가격이 비싸다. • 무거워 작업성이 떨어진다. • 열전도율이 높아 별도의 냉각 과정이 필요하다.
플라스틱(Plastic)	• 가볍고 투명해 작업성이 좋다. • 열전도율이 낮아 실온 상태가 잘 유지된다. • 초콜릿이 빨리 굳고 완제품의 광택이 좋다.	• 재질이 약해 작업 시 주의를 기울여야 한다. • 쉽게 깨져 수명이 짧다.
폴리카보네이트(Polycarbonate)	• 가벼워 작업성이 좋다. • 열전도율이 낮아 실온 상태가 잘 유지된다. • 초콜릿이 빠르게 굳는다. • 완제품의 광택이 매우 좋다. • 오랫동안 사용해도 몰드의 컨디션이 일정하다.	• 불투명해 초콜릿의 상태가 잘 확인되지 않는다. • 열에 의해 변형이 일어날 수 있어 보관에 주의해야 한다. • 플라스틱 재질보다 가격이 비싸다.

몰딩에 적합한 커버추어초콜릿의 상태

템퍼링한 커버추어초콜릿의 온도가 낮거나, 되직한 상태로 몰딩 작업을 하면 셸이 두껍게 만들어지고 그에 따라 사용되는 초콜릿의 양도 늘어난다. 이렇게 되면 상대적으로 초콜릿 셸 안에 충전하는 필링의 양이 줄어 들어 봉봉 초콜릿을 만들 경우 최상의 맛을 내기 어렵다. 더욱이 몰딩 후 공기 방울을 제거하기 전에 초콜릿이 굳어버리게 되는데 이렇게 되면 초콜릿의 표면과 모서리에 기포가 생겨 깔끔한 표면을 완성할 수 없다. 따라서 몰딩 작업을 할 때 초콜릿은 묽게 흘러내리는 상태가 좋으며 다크초콜릿은 31~33℃, 밀크초콜릿은 31~32℃, 화이트초콜릿은 30~31℃ 정도로 온도를 맞춰 작업한다.

신속한 색소 작업

다른 종류의 초콜릿을 몰드에 묻혀 무늬를 그리거나 색소를 분사해 색을 입힐 때는 초콜릿이나 색소가 굳는 즉시 몰딩 작업을 진행해야 한다. 그렇지 않으면 초콜릿을 뺄 때 무늬를 낸 부분 또는 색소를 입힌 부분이 분리된다. 따라서 색소나 무늬 작업 후에는 몰드를 너무 낮은 온도에서 장시간 두지 않도록 주의한다. 손에 초콜릿을 발라 직접 몰드에 무늬를 내는 경우도 있는데, 이때는 가능한 손으로 문지르는 횟수를 적게 해야 한다. 몰드를 과도하게 문지르면 작업자의 피부에서 수분과 염분이 배어 나와 완제품에 블룸이 생길 수 있기 때문이다. 한편, 에어브러시 건으로 분사 작업을 할 때도 컴프레서에서 주변 공기를 압축하면서 그 안에 수분이 생길 수 있다. 따라서 컴프레서 압축통과 노즐 사이에 수분 제거 필터를 장착해 건조한 상태로 만든 후 작업하도록 한다.

DATAIL _ 데코파우더 Deco powder

금색, 은색, 동색 등의 메탈 효과가 나는 식용 색소이다. 초콜릿 표면에 발라 반짝임을 표현하는 용도로 사용한다. 분말 형태인데 화장용 붓 또는 미술용 붓을 사용해 초콜릿 표면에 직접 펴 바르면 된다. 에어브러시 건을 사용할 경우 사용하기 직전 알코올에 알코올 양의 10%에 해당하는 데코파우더 섞은 것을 넣고 분사하면 된다. 국내에서 데코파우더는 식품에 사용할 수 없으므로 초콜릿 공예, 장식 등을 만들 때에만 사용하도록 주의한다.

11

초콜릿 Q&A

초콜릿 작업을 위해 녹인 초콜릿은 얼마나 보관할 수 있나요?

알맞게 혼합된 초콜릿이라면 45~50℃로 유지되는 초콜릿 워머에서 다크초콜릿은 최대 6주, 밀크초콜릿은 최대 4주, 화이트초콜릿을 최대 2주 동안 보관할 수 있습니다.

초콜릿은 몇 번이나 녹여 재사용할 수 있나요?

2~3회 정도까지는 괜찮습니다. 그 이상이 되면 초콜릿 안에 기포가 갇히고 산소가 많아져 텍스처가 되직해지고 품질이 저하됩니다. 작업하고 남은 초콜릿은 템퍼링한 상태로 지퍼백에 부어 밀착시키고 공기를 제거한 다음 밀봉해 냉암소에 보관하면 됩니다.

다크커버추어초콜릿은 같은 다크커버추어초콜릿끼리만 섞어 사용해야 하나요?

밀크커버추어, 화이트커버추어 등 다른 종류의 커버추어초콜릿과 섞어도 괜찮습니다. 다만 섞을 때 초콜릿끼리 고루 섞일 수 있도록 잘 저어주는 것이 포인트예요. 한편, 코팅초콜릿, 컴파운드초콜릿 등 다른 종류의 지방질로 이뤄진 초콜릿과는 섞지 마세요. 이들 초콜릿의 지방 성분은 카카오 버터와 달라 초콜릿 결정이 제대로 이루어지지 않습니다. 여러 가지 커버추어초콜릿을 블렌딩해 나만의 고유한 초콜릿을 만드는 재미를 느껴 보세요.

커버추어초콜릿은 꼭 템퍼링해 사용해야 하나요?

템퍼링 과정을 거치지 않으면 초콜릿 속 카카오 버터의 결정 구조가 불안정해 초콜릿 작업을 할 때 손에서 금방 녹거나 잘 굳지 않습니다. 또한 몰딩 작업을 할 때도 초콜릿이 제대로 수축하지 않아 몰드에서 빠지지 않으며 완성된 초콜릿의 표면에 광택도 나지 않습니다. 더욱이 블룸 현상이 발생해 초콜릿 표면에 얼룩덜룩한 흰 무늬가 생겨 외관상으로 좋지 않습니다. 따라서 템퍼링을 통해 초콜릿 속에 카카오 버터의 가장 안정된 결정 구조인 β 구조를 만드는 것은 초콜릿 작업에서 가장 기본이자 중요한 작업이라 할 수 있습니다.

커버추어초콜릿과 코팅초콜릿의 차이가 무엇인가요?

정확히 말하면, 커버추어초콜릿과 코팅초콜릿의 차이는 카카오 버터가 있는지 없는지에 따른 것입니다. 코팅초콜릿은 식물성 경화유지로 만든 초콜릿이어서 템퍼링하지 않고 35℃ 정도로 녹여 바로 사용할 수 있어요. 커버추어초콜릿보다 사용하기 간편한 반면 유지 특유의 맛이 느껴지고 비교적 카카오 맛이 약해 풍미는 떨어집니다.

되직해진 초콜릿에 식용유를 넣어도 되나요?

식용유는 상온에서 액체 상태이므로 이를 초콜릿에 넣으면 초콜릿의 텍스처가 묽어지고 잘 굳지 않을 수 있어요. 따라서 되직해진 초콜릿을 부드럽게 만들고 싶다면 식용유보다는 카카오 버터를 전체 초콜릿 양의 1~2% 정도 추가해 주세요.

Q

서로 다른 두 종류의 초콜릿을
섞을 때 템퍼링을 어떻게
해야 하나요?

가장 간단한 방법은 서로 다른 초콜릿을 각각 템퍼링한 다음 균일하게 섞어 사용하면 됩니다. 템퍼링하지 않은 두 가지의 초콜릿을 섞는다면 카카오 함량이 낮은 초콜릿에 맞춰서 템퍼링 작업을 진행합니다. 예를 들어 화이트초콜릿과 다크초콜릿을 섞어 템퍼링한다면 화이트초콜릿의 템퍼링 온도에 맞춰 템퍼링하면 됩니다.

Q

초콜릿을 녹였다가 그냥 두어도
온도가 떨어지는데
대리석법이나 수냉법으로
템퍼링하는 이유가 뭔가요?

사실 녹인 초콜릿을 온도가 떨어질 때까지 그대로 두어 결정을 만들고 적정한 되기를 맞춰도 무방합니다. 하지만 이를 실제로 해 보면 거의 반나절 정도 시간이 소요됩니다. 일반적인 작업장에서는 45℃로 녹인 초콜릿의 온도가 27℃로 떨어지기는 어려워요. 따라서 바로 사용하기 위해 대리석법이나 수냉법, 접종법 등의 템퍼링 방법을 활용해 템퍼링 작업을 하는 것입니다.

Q

초콜릿에 색소을 섞을 때
따로 템퍼링해야 하나요?

조색 작업은 초콜릿 색소를 35℃ 정도로 녹여 템퍼링한 화이트초콜릿에 섞는 방법으로 진행됩니다. 간혹 색소의 양이 너무 많아 화이트초콜릿의 온도가 33℃ 이상으로 높아질 경우도 있는데, 이러한 경우에는 템퍼링을 해야겠지만 극히 드문 케이스예요. 일반적으로는 색소와 초콜릿을 잘 섞어 온도를 확인하고 사용합니다.

Q

템퍼링을 알맞게 했고
초콜릿이 잘 굳었는데 표면에
줄무늬 같은 선이 생겼어요.
이유가 뭘까요?

초콜릿 안에 결정 구조가 너무 많은 경우, 온도가 낮은 초콜릿을 사용한 경우에 초콜릿이 굳으면서 표면에 회색 선이 생깁니다. 템퍼링이 깨지지 않는 온도 내에서 45℃로 녹인 초콜릿을 소량 섞어서 사용하면 문제를 해결할 수 있어요.

Q

커버추어초콜릿으로
장식물을 만들었는데 광택이
기대에 미치지 못해요.

초콜릿 작업에서 생기는 문제의 90%는 템퍼링이 제대로 되지 않아서입니다. 가이드 온도에 따라 템퍼링 작업을 잘 수행했는지를 확인하고 번거롭지만 다시 템퍼링하세요. 템퍼링에 문제가 없다면 초콜릿을 굳히는 동안 냉장고의 온도가 너무 차가워서 생긴 문제입니다. 초콜릿 전용 냉장고가 없고 일반 냉장고를 사용할 경우 작업장 온도와 15℃ 이상 차이가 나지 않도록 주의하며 초콜릿이 충분히 굳을 수 있도록 30분~1시간 이내로 냉장 시간을 조절합니다. 한편, 초콜릿은 닿는 면의 재질에 따라서도 광택이 달라집니다. 어떠한 경우에도 몰딩 기법으로 초콜릿 작업을 했을 때처럼 우수한 광택을 표현할 수 없으므로 이를 고려해 주세요.

Q

**왜 초콜릿 표면이
하얗게 변하나요?**

블룸 현상 때문입니다. 블룸 현상에는 '팻 블룸'과 '슈거 블룸', 두 가지 종류가 있습니다. 먼저, '팻 블룸'은 카카오 버터가 제대로 결정화되지 못하고 표면으로 떠올라 굳으면서 하얀 반점을 남기는 현상입니다. 주로 템퍼링 과정이 잘못되었을 때, 초콜릿을 너무 고온으로 작업했을 때 이러한 현상이 생기기 쉽습니다. '슈거 블룸'은 초콜릿이 습기에 노출되면서 초콜릿 표면에 있는 설탕 입자들이 녹았다가 수분이 증발하는 과정이 반복되면서 설탕이 재결정화 돼 초콜릿 표면에 무늬가 생기는 것입니다. 대개 습한 곳에서 장기간 초콜릿을 보관했거나 작업장의 습도가 높았을 때 발생하는 문제입니다. 초콜릿 템퍼링 및 보관 온도에 주의하고 작업장의 온도와 습도에 신경 쓰면 간단하게 해결할 수 있습니다.

Q

**화이트초콜릿으로 작업하면
쉽게 덩어리져요.**

화이트초콜릿은 다량의 설탕, 유단백질, 유당을 포함하고 있습니다. 이들은 모두 열에 민감한 특성이 있어 45℃가 넘는 온도에서 뜨겁게 녹이거나 덥고 습한 곳에 보관할 경우 덩어리지게 됩니다. 화이트초콜릿에 수분 함량이 높으면 이러한 현상은 더욱 심하게 나타나지요. 따라서 화이트초콜릿으로 작업할 때에는 템퍼링 온도 가이드에 따라 초콜릿을 관리하고 여름철에는 잘 포장해서 냉장 보관하는 편이 낫습니다. 덩어리진 화이트초콜릿은 다시 녹여 체에 걸러 모래알갱이 같은 덩어리를 제거하고 새로운 초콜릿과 섞어 사용하세요.

Q

**초콜릿의 표면이
갈라져요.**

초콜릿이 완전히 굳기 전 얇은 두께의 초콜릿을 옮기다가 비닐이 꺾였거나, 서로 다른 되기의 초콜릿을 한 군데에 부어 굳히는 경우 수축의 정도가 달라져 초콜릿의 표면이 갈라지는 현상이 발생합니다. 혹은 너무 낮은 온도에서 급격하게 굳혔거나 보관했기 때문입니다. 초콜릿의 두께가 얇은 경우에는 냉장고에서 30분 동안 충분히 굳힌 다음 실온으로 옮기는 것이 좋습니다. 작업 전 템퍼링한 초콜릿이 균일한 상태로 유지될 수 있도록 온도 유지 장치를 이용하고, 주기적으로 섞는 것도 도움이 됩니다.

Q

**몰딩 후 초콜릿 셸 표면에
크고 작은 기포들이 생겼어요.**

몰딩 작업 시 기포를 제거하는 과정을 충분히 하지 않았거나 초콜릿의 점도가 너무 높아 기포가 빠져나가지 못해 발생하는 문제입니다. 몰딩 작업을 할 때 초콜릿 속 기포들이 표면으로 올라와 터질 수 있도록 충분한 시간을 두고 몰드를 두드려 주세요. 초콜릿의 점도가 높았을 경우 조금 더 묽은 텍스처의 초콜릿을 사용하도록 합니다.

Q

**초콜릿을 먹었을 때
표면이 거칠고
식감이 좋지 않아요.**

습도가 높은 곳에 초콜릿을 오랫동안 보관하면 습기가 차 초콜릿 표면의 설탕이 녹게 됩니다. 이후 습기가 없는 곳에 초콜릿을 두면 수분이 증발하면서 설탕이 다시 재결정화 되는데, 이 설탕 결정체들이 거칠거칠하고 좋지 않은 식감을 내는 원인이 되는 것입니다. 따라서 초콜릿은 온도 18~20℃, 습도 60% 이하의 서늘하고 건조한 곳에서 보관하고 사용하기 전 유통 기한을 꼭 확인하는 습관을 길러 주세요. 오래된 초콜릿은 카카오 버터가 경화돼 입 안에서 잘 녹지 않고 풍미가 감소됩니다.

Q

**몰드 안에서
초콜릿 셸이 굳지 않아요.**

두 가지 원인이 있을 수 있습니다. 첫 번째는 템퍼링이 덜 된 초콜릿으로 작업해 초콜릿이 굳지 않은 경우예요. 이때에는 초콜릿을 다시 정확한 온도로 템퍼링해 작업하세요. 같은 종류의 초콜릿이라 할지라도 제조사마다 카카오 매스 또는 카카오 버터의 함량에 따라 템퍼링 온도에 차이가 있을 수 있으므로 패키지 뒷면에 적힌 템퍼링 온도를 참고하는 것이 좋습니다. 두 번째는 드문 케이스이긴 하지만, 카카오 버터가 결정화되는 온도인 27℃보다 높은 온도에 방치한 경우에도 굳지 않을 수 있어요.

Q

**초콜릿 셸에서
광택이 나지 않아요.**

초콜릿의 광택은 몰드의 광택 정도와 비례합니다. 따라서 가장 좋은 광택을 내기 위해서는 금속 재질 또는 폴리카보네이트 재질의 몰드를 사용하는 것이 좋습니다. 몰드는 작업하기 전 반드시 습기를 제거해 알코올을 묻힌 솜으로 비벼 닦아 반짝이는 상태로 만듭니다. 그리고 실온 상태로 준비해 주세요. 유리알 같은 광택은 카카오 버터에 의해 생기기 때문에 초콜릿만으로는 안 되고 색소를 사용해야 얻을 수 있습니다. 무엇보다 정확한 온도로 템퍼링한 초콜릿으로 작업해야만 좋은 결과물을 얻을 수 있으므로 템퍼링 과정에도 신경 써야 합니다.

Q

**몰드에서 뺀 초콜릿 셸 표면이
하얗게 변했어요.**

원인은 적절하게 템퍼링하지 않은 초콜릿을 사용했을 경우, 혹은 작업 중에 되직해진 초콜릿에 열을 가하다가 결정체가 녹으면 생길 수 있는 문제입니다. 기준 온도를 잘 지켜 템퍼링 작업을 진행했는지 확인해 주세요. 이 밖에도 부적합한 필링을 채웠거나 실온의 온도가 28℃ 이상으로 높은 환경에서 초콜릿을 굳히면 카카오 버터가 초콜릿 표면에 뜨면서 하얀 띠가 생기게 됩니다. 초콜릿은 고체로 변하면서 열을 발생시키기 때문에 열이 발산되려면 충분히 낮은 온도인 18℃에서 굳히는 것이 좋습니다.

Q

**초콜릿 셸이 몰드에서
빠져 나오지 않아요.**

템퍼링이 제대로 되지 않은 초콜릿을 사용했거나 몰드를 수세미 등으로 닦아 몰드 표면에 스크래치가 난 경우, 혹은 초콜릿을 너무 빨리 굳혀 발생한 문제입니다. 이 밖에도 몰딩한 초콜릿의 두께가 너무 얇아 초콜릿 셸이 몰드에서 떨어질 만큼 수축하지 못했기 때문이에요. 이때에는 템퍼링이 제대로 됐는지 확실히 체크하고 몰딩한 초콜릿의 두께가 너무 얇으면 한 번 더 초콜릿을 추가해 두께를 더 두껍게 하여 굳히면 해결할 수 있습니다.

2.

Circle

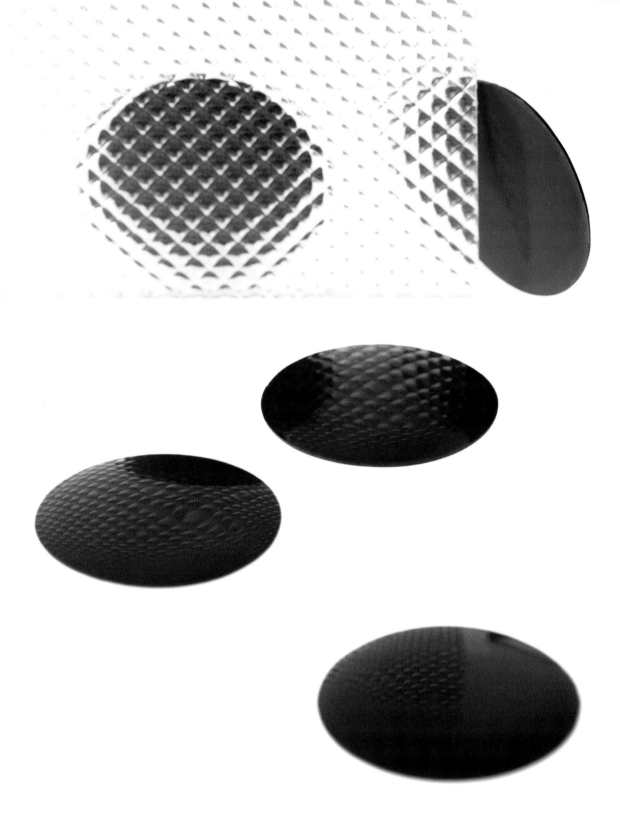

One-Sided
Circle

단면 원

가장 기본이 되는 초콜릿 장식으로, 한 면에만 광택이 나는 원입니다. 너무 얇으면 손에서 쉽게 녹고 습기의 영향을 받아 표면의 광이 사라지고 탁해집니다. 또 케이크 옆면에 붙였을 때도 휘어져 볼품이 없어집니다. 반대로 너무 두꺼우면 둔탁해 보이고 케이크와 함께 먹었을 때 맛의 조화가 좋지 않습니다. 사용되는 초콜릿 양도 늘어나 제조 원가도 상승합니다. 정확하게 수치로 말하기는 어렵지만 원 장식은 평균적으로 1.5㎜의 두께로 만드는 것이 적당합니다. 사용하려는 케이크의 사이즈가 작으면 이보다 얇게, 케이크의 크기가 크면 2㎜ 정도로 만들어 주세요. 가장 기초적이고 단순하지만, 매끄러운 광택을 가진 완벽한 원 장식 하나만으로도 케이크에 고급스러운 분위기를 더할 수 있습니다.

제조시간	냉장고에서 굳히는 시간	난이도
90min	30min	★ ★ ★

One-Sided Circle

1

2

3

4

5

6

7

8

Sprite Circle

1

One-Sided Circle

재료

템퍼링한 초콜릿

-

도구

실리콘매트

다용도 비닐

플라스틱 스크레이퍼

실리콘 주걱

짤주머니

스패튤러

플라스틱 판

원형 커터

유산지

철판

1 실리콘매트에 다용도 비닐을 놓고 플라스틱 스크레이퍼를 이용해 비닐을 밀착시킨다.

   tip 스크레이퍼를 가운데에서부터 끝으로 밀어 패드와 비닐 사이의 공기를 제거한다.

   tip 다용도 비닐은 온라인몰에서 구입할 수 있다.

2 짤주머니에 템퍼링한 초콜릿을 넣고 비닐 한쪽 끝에 세로로 길게 짠다.

3 스패튤러를 이용해 초콜릿을 평평하게 펴 바른다.

   tip 초콜릿 표면의 자잘한 기포와 스패튤러 자국이 없어지도록 초콜릿 표면을 정리한다.

4 실리콘매트의 대각선 끝을 잡고 흔들어 초콜릿 표면을 정리한다.

5 플라스틱 판에 옮긴다.

6 초콜릿이 손에 묻어나지 않을 정도로 살짝 굳으면 원하는 크기의 원형 커터로 찍는다.

7 유산지를 덮고 뒤집어 철판에 올린다.

8 냉장고에서 30분 동안 완전히 굳힌 뒤 비닐을 제거한다.

Variation

○ 무스케이크의 옆면 또는 윗면 장식(세우거나 눕혀서)

○ 파운드케이크 등 구움과자의 장식

○ 부슈 드 노엘의 옆면 장식

○ 초콜릿 공예

Striped Circle

1 단면 원의 3번 공정 후에 스패튤러를 세워 날 끝으로 초콜릿에 대각선 줄무늬를 넣는다.

2 초콜릿이 손에 묻어나지 않을 정도로 살짝 굳으면 원하는 크기의 원형 커터로 찍는다.

3 유산지를 덮고 뒤집어 철판에 올린다.

4 냉장고에서 30분 동안 완전히 굳힌 뒤 비닐을 제거한다.

Sprinkled Button

스프링클 버튼

'스프링클 버튼'은 누구나 손쉽게 만들 수 있는 비교적 난이도가 낮은 장식 중 하나입니다. 윗면에 반짝이는 스프링클 설탕을 뿌려 화려한 분위기를 낼 때 활용하기 좋아요. 다만 스프링클 버튼 장식의 두께가 너무 두꺼우면 보기에 좋지 않으니 주의해 주세요. 초콜릿을 원형으로 짠 다음 얇게 퍼지도록 빠르게 두드리면 한층 완성도 높은 장식을 만들 수 있습니다.

소요시간	냉장고에서 굳히는 시간	난이도
24h	30min	★ ★ ★

Sprinkled Button

재료
설탕
노란색 수용성 식용 색소
(셰프마스터)
오일
템퍼링한 초콜릿
-
도구
볼, 블렌더
유산지, 철판
밀폐 용기, 티슈
플라스틱 판
다용도 비닐
플라스틱 스크레이퍼
실리콘 주걱
짤주머니

1 볼에 설탕을 넣고 노란색 수용성 식용 색소를 3~4 방울 떨어뜨린다.
2 블렌더에 옮겨 갈고 유산지를 깐 철판에 넓게 펼쳐 놓은 다음 하루 동안
    건조시키고 밀폐 용기에 넣어 보관한다.
3 티슈에 오일을 묻혀 플라스틱 판에 바른 뒤 다용도 비닐을 놓고 플라스틱
    스크레이퍼로 밀착시킨다.
4 짤주머니에 템퍼링한 초콜릿을 넣고 비닐에 500원짜리 동전 크기로 짠다.
5 플라스틱 판을 살짝 두드려 초콜릿이 납작하게 퍼지도록 한다.
6 초콜릿이 굳기 전 윗면에 스프링클 설탕을 뿌리고 털어 낸다.
7 냉장고에서 최소 30분 동안 굳히고 스패튤러로 떼어 낸다.
    tip 사용하고 남은 스프링클 버튼은 떨어지는 스프링클 설탕을 제거하고 밀폐
    용기에 넣어 온도 18℃, 습도 60%의 초콜릿 전용 냉장고, 또는 냉장고에서
    보관한다.

Variation

○ 구움과자의 윗면 장식
○ 앙트르메의 장식

NOTE _ 비닐을 고정하는 방법

1 **실리콘매트 위에 비닐을 놓는다.**
    실리콘 재질에 비닐이 쉽게 고정되어 별도의 물이나 기름을 칠할 필요가 없다. 작업이 간편하고
작업 후에도 실리콘매트만 정리하면 되므로 작업대를 깨끗하게 유지할 수 있다.
2 **작업대에 물을 분사하거나 젖은 행주로 닦은 다음 비닐을 놓는다.**
    실리콘매트가 없을 때 비닐을 고정하는 방법이다. 이 방법을 사용해 작업할 때 물이 묻으면 블룸
현상이 생길 수 있으므로 초콜릿에 물기가 섞이지 않도록 잘 닦아 가며 작업해야 한다. 또한 비닐에
물기가 있어 작업 후 이를 포개어 정리할 수 없는 것도 단점이다.
3 **작업대에 오일을 바르고 비닐을 놓는다.**
    실리콘매트를 사용할 수 없는 경우, 비닐을 강하게 밀착할 필요가 있는 경우 사용하는 방법이다.
작업 후 비닐을 포개어 정리할 수 없고 세정제로 작업대를 세척해야 하는 번거로움이 있다.

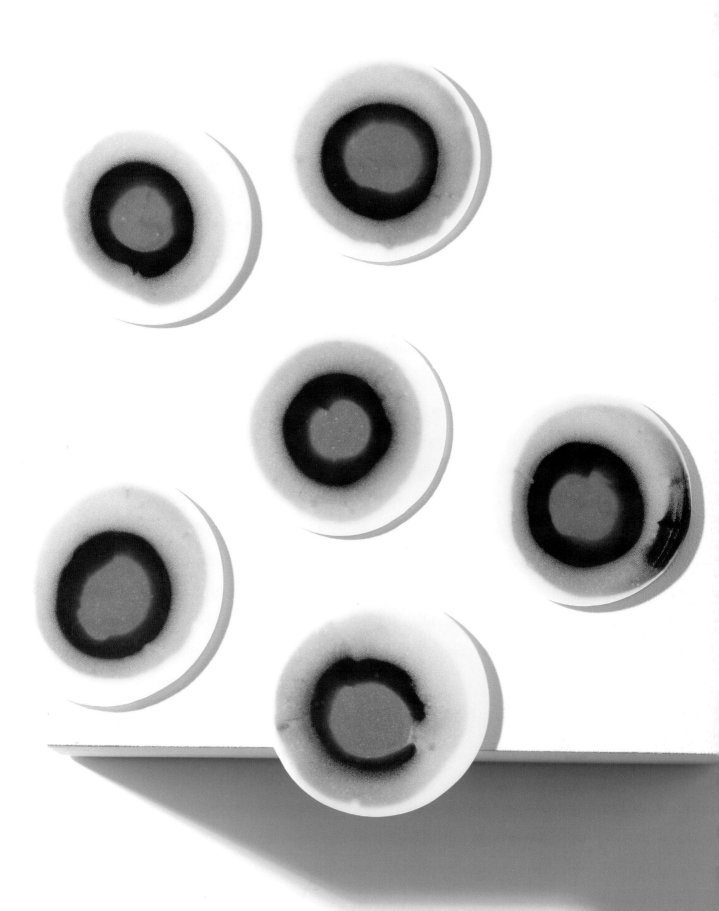

Tricolor Circle

삼색 원

'삼색 원'은 완벽하게 템퍼링한 화이트, 밀크, 다크초콜릿으로 만드는 초콜릿 장식입니다. 세 가지 초콜릿 모두 동일한 텍스처일 때 작업하는 것이 관건인데, 어느 것도 굳지 않고 흐르는 상태여야 합니다. 표현하고자 하는 분위기에 따라 초콜릿의 짜는 순서를 달리해 색감에 변화를 줄 수 있습니다. 특히 화이트초콜 릿으로 바탕을 만들면 한결 깔끔하고 가벼운 느낌을 낼 수 있습니다. 또 세 가 지 초콜릿을 차례대로 짠 다음 누르지 않고 그대로 굳히면 눈 모양을 만들 수 있습니다.

소요시간	냉장고에서 굳히는 시간	난이도
2h 50min	30min	★★☆

Tricolor Circle

재료
오일
템퍼링한 화이트초콜릿
템퍼링한 다크초콜릿
템퍼링한 밀크초콜릿
-
도구
티슈
플라스틱 판
다용도 비닐
플라스틱 스크레이퍼
실리콘 주걱
짤주머니
아크릴 원반 모형

1 티슈에 오일을 묻혀 플라스틱 판에 바른 다음 다용도 비닐을 놓고 플라스틱 스크레이퍼로 밀착시킨다.

2 짤주머니에 템퍼링한 화이트초콜릿을 넣고 비닐에 지름 3㎝ 크기의 원형으로 짠다.
tip 화이트초콜릿은 40℃-25℃-28℃로 템퍼링한다.

3 플라스틱 판을 살짝 두드려 초콜릿이 납작하게 퍼지도록 한다.

4 다른 짤주머니에 템퍼링한 다크초콜릿을 넣고 3의 화이트초콜릿 안에 원형으로 짠다.
tip 다크초콜릿은 45℃-27℃-32℃로 템퍼링한다.

5 또 다른 짤주머니에 템퍼링한 밀크초콜릿을 넣고 4의 다크초콜릿 안에 원형으로 짠다.
tip 밀크초콜릿은 40℃-26℃-29℃로 템퍼링한다.

6 플라스틱 판을 살짝 두드려 초콜릿이 퍼지도록 한다.

7 윗면에 바닥에 놓은 다용도 비닐과 같은 크기의 비닐을 덮는다.

8 아크릴 원반 모형으로 눌러 납작하게 만든다.
tip 아크릴 원반 모형이 없는 경우 커피 템퍼로 대체해도 무방하다.

9 냉장고에서 최소 30분 동안 굳히고 사용하기 전 비닐을 뗀다.
tip 사용하고 남은 삼색 원은 밀폐 용기에 넣어 냉장고 또는 온도 18℃, 습도 60%의 초콜릿 전용 냉장고에서 보관한다.

Variation
○ 세 가지 초콜릿 무스로 구성된 케이크의 장식
○ 초콜릿 반죽으로 마블링된 구움과자의 장식
○ 초콜릿 공예 피스의 눈 장식

C
I
R
C
L
E

Airbrushed
Circle

에어브러시드 원

에어브러시 장비를 이용해 만드는 장식입니다. 손으로 미세하게 에어브러시 건의 압력을 조절해 초콜릿이 유연하게 퍼지도록 하면 초콜릿 표면에 불규칙한 물결무늬가 만들어집니다. 이 장식을 만들 때에는 초콜릿의 온도를 29~30℃ 정도로 식혀 초콜릿을 살짝 되직하게 준비해 주세요. 이렇게 하면 물결무늬가 더욱 선명하게 잘 표현됩니다. 또한 굳힌 원 표면에 금색 데코파우더를 바르면 한층 고급스러운 느낌을 낼 수 있습니다.

소요시간	냉장고에서 굳히는 시간	난이도
1h 40min	30min	★★★

Airbrushed Circle

재료
오일
템퍼링한 초콜릿
금색 데코파우더

-

도구
티슈
플라스틱 판
다용도 비닐
플라스틱 스크레이퍼
실리콘 주걱
짤주머니
컴프레서(비틀벅 탱크)
에어브러시 건(비틀벅 5호)
메이크업용 블러셔 붓

1 티슈에 오일을 묻혀 플라스틱 판에 바른 다음 다용도 비닐을 놓고 플라스틱 스크레이퍼로 밀착시킨다.

2 짤주머니에 템퍼링한 초콜릿을 넣고 비닐에 원형으로 짠다.

3 플라스틱 판을 살짝 두드려 초콜릿이 퍼지도록 한다.

4 초콜릿 위에서 에어브러시 건을 직각으로 세우고 가운데에서부터 원을 그리며 살살 바람을 불어 넣어 무늬를 낸다.

5 냉장고에서 최소 30분 동안 굳힌다.

6 표면에 메이크업용 블러셔 붓으로 금색 데코파우더를 바른다.

7 비닐에서 떼어 낸다.

tip 사용하고 남은 에어브러시드 원은 밀폐 용기에 넣어 냉장고 또는 온도 18℃, 습도 60%의 초콜릿 전용 냉장고에서 보관한다.

Variation

○ 케이크의 윗면, 옆면 장식

○ 구움과자 장식

○ 초콜릿 공예

Push-Pin
Circle

압침

'압침'은 조형미를 느낄 수 있는 초콜릿 장식입니다. 압침 장식은 위아래 다른 모양이 나는 것이 가장 큰 특징입니다. 윗면은 중력의 영향을 받아 뾰족한 압침 모양이 생기고, 아랫면은 초콜릿이 굳는 과정에서 잡아 당겨져 불규칙한 여러 모양들이 만들어집니다. 압침을 만들 때는 초콜릿을 29~30℃로 식혀 사용해야 압침의 모양이 더 선명하게 표현됩니다. 다크초콜릿 외에도 밀크초콜릿, 화이트초콜릿을 활용해 만들어도 좋습니다.

소요시간	냉장고에서 굳히는 시간	난이도
1h 40min	30min	★★☆

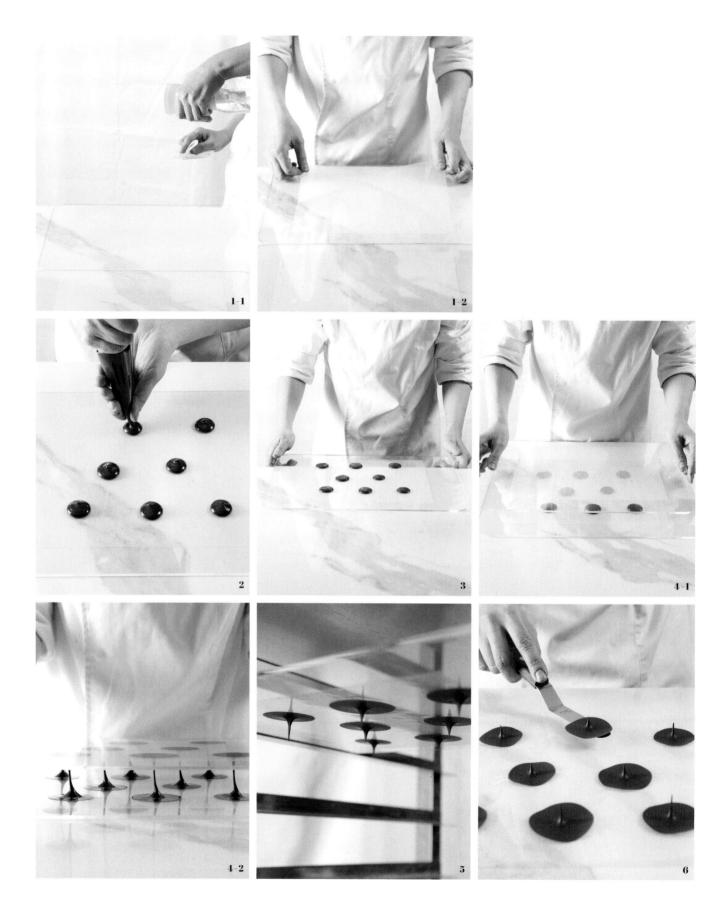

Push-Pin Circle

재료
물
템퍼링한 초콜릿
-
도구
플라스틱 판
분무기
다용도 비닐
실리콘 주걱
짤주머니
랙
스패튤러

1 플라스틱 판 2개에 물을 분사한 다음 각각 다용도 비닐을 놓고 밀착시킨다.
2 짤주머니에 템퍼링한 초콜릿을 넣고 플라스틱 판 1개에 원형으로 짠다.
3 플라스틱 판을 살짝 두드려 초콜릿이 퍼지도록 한다.
4 다른 플라스틱 판 1개로 초콜릿을 덮었다가 수직으로 올려 뗀다.
5 랙에 4를 거꾸로 꽂아 초콜릿 표면의 모양이 굳으면 냉장고로 옮겨 30분 동안 완전히 굳힌다.
6 스패튤러로 비닐에서 떼어 낸다.
tip 장식의 가장자리가 매우 얇기 때문에 초콜릿이 차가운 상태일 때 비닐에서 떼는 것이 안전하다.

Variation

○ 홀케이크의 장식
○ 쇼트케이크 가운데에 장식

Stamp Circle

도장

가게 로고나 멋진 문양을 새긴 도장을 초콜릿에 찍어 만드는 장식입니다. 여러 곳에 폭넓게 활용할 수 있는 아이템이므로 꼭 한번 만들어 보길 바랍니다. 장식의 두께가 얇아 세련되고 슬림한 분위기를 낼 수 있으며 얇은 두께로 초콜릿이 적게 들어가 제조 원가를 낮출 수 있는 장점도 있습니다. 도장을 제작할 때는 구리 또는 동 재질이 좋으며 이러한 재질로 도장을 만들면 한 번에 여러 개의 장식을 만들 수 있습니다. 한꺼번에 대량으로 만들어 밀폐 용기에 겹쳐 넣고 초콜릿 전용 냉장고에서 보관하면 필요할 때마다 간편하게 꺼내 쓸 수 있어 편리합니다.

소요시간
1h 30min

냉장고에서 굳히는 시간
30min

난이도
★ ★ ★

Stamp Circle

재료

물
템퍼링한 초콜릿
금색 데코파우더

-

도구

초콜릿용 도장
플라스틱 판
분무기
다용도 비닐
실리콘 주걱
짤주머니
메이크업용 블러셔 붓
스패튤러

1   냉동고에 초콜릿용 도장을 넣어 차갑게 보관한다.

    tip 초콜릿용 도장은 실팬 제이원제이코리아(https://blog.naver.com/silpan)에서 제작할 수 있다.

2   플라스틱 판에 물을 분사한 다음 다용도 비닐을 놓고 밀착시킨다.

3   짤주머니에 템퍼링한 초콜릿을 넣고 비닐에 원형으로 짠다.

4   플라스틱 판을 살짝 두드려 초콜릿이 퍼지도록 한다.

5   초콜릿이 손에 묻어나지 않을 정도로 굳으면 초콜릿용 도장을 찍어 무늬를 낸다.

6   냉장고에서 최소 30분 동안 굳힌다.

7   겉면에 메이크업용 블러셔 붓으로 금색 데코파우더를 바른다.

8   스패튤러로 비닐에서 떼어 낸다.

    tip 사용하고 남은 도장 장식은 밀폐 용기에 넣어 냉장고 또는 온도 18℃, 습도 60%의 초콜릿 전용 냉장고에서 보관한다.

Variation

○ 케이크, 구움과자 등 다양한 제품에 로고로 활용
○ 케이크 옆면에 두르는 초콜릿 밴드의 이음매에 붙여 활용

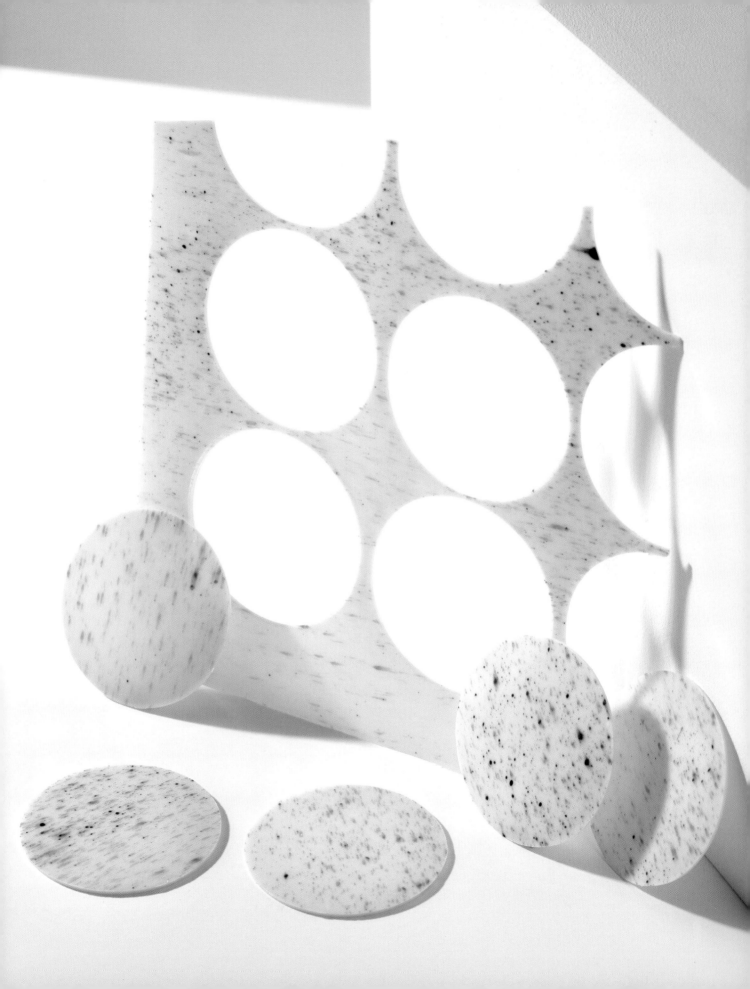

Flecked
Circle

점박이 원

색소를 사용해 초콜릿 장식을 만들 때 간혹 색소가 초콜릿과 분리되는 경우가 있습니다. 이는 대개 템퍼링한 초콜릿의 온도가 너무 낮거나 색소 작업 후 장시간 동안 두어 색소가 완전히 결정화된 후 초콜릿을 발랐기 때문입니다. 이를 해결하기 위해서는 색소의 온도를 잘 지키고 흐름성이 좋은 초콜릿을 사용해 작업하면 됩니다. 이렇게 하면 보석처럼 반짝이는 광택을 가진 장식을 얻을 수 있답니다.

소요시간
2h

냉장고에서 굳히는 시간
30min

난이도
★★★

Flecked Circle

재료
초록색 초콜릿 색소
템퍼링한 초콜릿

-

도구
유산지
다용도 비닐
빵용 붓
실리콘매트
실리콘 주걱
스패튤러
플라스틱 판
원형 커터

1   유산지에 다용도 비닐을 놓은 다음 빵용 붓에 35℃의 초록색 초콜릿 색소를
    묻히고 손가락으로 튀긴다.
    tip 작업대에 색소가 묻지 않도록 비닐 아래에 비닐 크기보다 큰 유산지를 놓고
    작업하면 편리하다.

2   색소가 굳으면 실리콘매트에 비닐을 옮겨 밀착시키고 템퍼링한 초콜릿을
    붓는다.

3   스패튤러로 초콜릿을 평평하게 펴 바른다.

4   실리콘매트의 대각선 끝을 잡고 흔들어 초콜릿 표면을 정리한다.

5   플라스틱 판에 옮기고 초콜릿이 손에 묻어나지 않을 정도로 살짝 굳으면 원하는
    크기의 원형 커터로 찍는다.

6   냉장고에서 최소 30분 동안 굳힌다.

7   비닐에서 떼어 낸다.
    tip 사용하고 남은 점박이 원은 밀폐 용기에 넣어 냉장고 또는 온도 18℃, 습도
    60%의 초콜릿 전용 냉장고에서 보관한다.

Variation
○ 화사한 분위기의 홀케이크 장식
○ 프티 가토의 장식
○ 초콜릿 공예

Netted Circle

그물 원

올록볼록한 굴곡을 살려 만든 장식입니다. 초콜릿으로 여러 개의 선을 다양한 모양으로 겹쳐 짜 만드는데, 이때 선들끼리 합쳐져 모양이 뭉개지지 않도록 초콜릿을 최대한 가늘게 짜는 것이 포인트입니다. 초콜릿을 X, +, O의 모양으로 차례대로 겹쳐 촘촘하게 짜면 원하는 모양으로 커팅한 후에도 정교하고 예쁜 형태를 유지할 수 있습니다. 이 밖에도 초콜릿의 표면을 손으로 만지면 그 부분의 광택이 줄고 지문이 남을 수 있으므로 주의합니다. 부득이하게 초콜릿을 만져야 한다면 가급적 테두리 부분을 잡고 도구를 이용해 옮깁니다.

소요시간
1h 30min

냉장고에서 굳히는 시간
30min

난이도
★★☆

CIRCLE

Netted Circle

재료
템퍼링한 초콜릿
-
도구
실리콘매트
다용도 비닐
플라스틱 스크레이퍼
실리콘 주걱
짤주머니
플라스틱 판
원형 커터
스패튤러

1 실리콘매트에 다용도 비닐을 놓고 플라스틱 스크레이퍼로 밀착시킨다.
2 짤주머니에 템퍼링한 초콜릿을 넣고 비닐에 사선을 이어 짠다.
3 반대 방향에서 사선으로 초콜릿을 한 번 더 이어 짠다.
4 +자 모양으로 초콜릿을 이어 짠 다음 원형으로 초콜릿을 이어 짠다.
5 실리콘매트에서 비닐을 떼 플라스틱 판에 옮기고 손에 묻어나지 않을 정도로 살짝 굳힌다.
6 원하는 크기의 원형 커터로 찍는다.
7 냉장고에서 최소 30분 동안 굳힌다.
8 스패튤러로 비닐에서 떼어 낸다.

Variation

○ 케이크, 타르트 등의 크림이 비치도록 윗면에 장식
○ 플레이트 디저트 장식

Laced Circle

레이스 원

여성스러운 분위기의 레이스 원은 초콜릿을 원의 중심에서부터 빙글빙글 돌려 짜 가장자리는 큰 원이 되도록 짜 만듭니다. 이렇게 하면 시원해 보이는 느낌을 줄 수 있고 원들 사이에 공간이 있어 잘 부서지지 않습니다. 초콜릿을 짤 때는 짤주머니의 앞부분을 조그맣게 잘라 초콜릿이 가늘게 나오도록 해야 합니다. 이 장식은 초콜릿의 구멍 사이사이로 디저트가 보일 수 있도록 공간을 띄워 장식하는 것이 효과적입니다. 길쭉한 타원형으로 짜거나 세로로 길게 겹쳐 짜 응용할 수 있으며 초콜릿이 굳기 전 설탕이나 진주 모양 초콜릿 장식을 뿌려 색다르게 변형할 수도 있습니다.

소요시간	냉장고에서 굳히는 시간	난이도
24h	30min	★ ★ ★

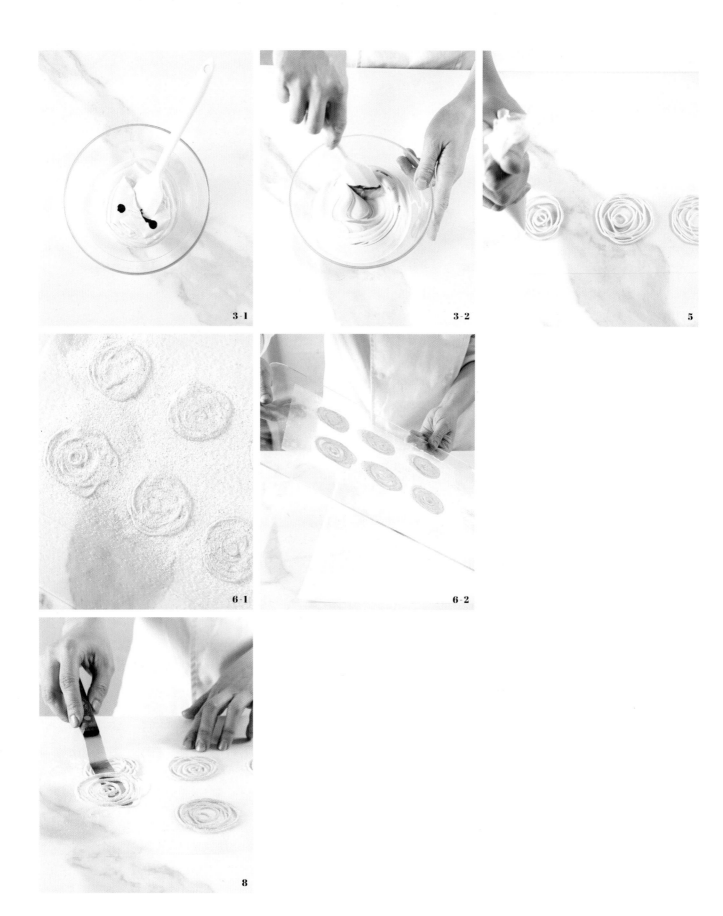

Laced Circle

재료

설탕

초록색 수용성 식용 색소
(셰프마스터)

템퍼링한 화이트초콜릿

초록색 초콜릿 색소

오일

-

도구

볼

블렌더

유산지

철팬

밀폐 용기

실리콘 주걱

티슈

플라스틱 판

다용도 비닐

플라스틱 스크레이퍼

짤주머니

스패튤러

1 볼에 설탕을 넣고 초록색 수용성 식용 색소를 3~4 방울 넣는다.

2 블렌더에 옮겨 갈고 유산지를 깐 철팬에 펼쳐 놓은 다음 하루 동안 건조시키고
   밀폐 용기에 넣어 보관한다.(스프링클 설탕)

3 볼에 템퍼링한 화이트초콜릿 200g, 초록색 초콜릿 색소 3 방울을 넣고 실리콘
   주걱으로 섞는다.
   tip 화이트초콜릿은 40℃-25℃-28℃로 템퍼링한다.

4 티슈에 오일을 묻혀 플라스틱 판에 바른 뒤 다용도 비닐을 놓고 플라스틱
   스크레이퍼로 밀착시킨다.

5 짤주머니에 3을 넣고 비닐에 불규칙한 크기의 원형을 이어 짜 레이스 모양을
   만든다.

6 윗면에 스프링클 설탕을 뿌리고 털어 낸다.

7 냉장고에서 최소 30분 동안 굳힌다.

8 스패튤러로 비닐에서 떼어 낸다.
   tip 사용하고 남은 레이스 원은 비닐째 온도 18℃, 습도 60%의 초콜릿 전용
   냉장고에서 보관하고 사용하기 직전 모가 부드러운 붓으로 표면의 설탕을 털어
   정리한다.

Variation

○ 홀케이크, 프티 가토의 장식

○ 타르트 등의 윗면 장식

Curved Circle

커브 원

커브 원은 원에 굴곡을 더한 장식입니다. 반짝반짝 빛나는 양면의 광택과 더불어 부드러운 커브가 입체적인 아름다움을 느끼게 합니다. 이 장식을 만들 때 주의해야 할 점은 초콜릿의 두께가 두꺼우면 주름이 생긴다는 것입니다. 따라서 장식의 두께는 1.5㎜ 정도로 만드는 것이 적당합니다. 또한 초콜릿이 굳은 후 이를 봉에 말면 표면에 금이 생겨 버리므로 원형 커터로 자르자마자 플라스틱 봉에 말아 고정한 뒤 완전히 굳혀야 합니다.

소요시간	냉장고에서 굳히는 시간	난이도
1h 40min	30min	★★☆

Curved Circle

재료

템퍼링한 초콜릿

-

도구

대리석 작업대

다용도 비닐

플라스틱 스크레이퍼

실리콘 주걱

짤주머니

밀대

과도

원형 커터

플라스틱 봉

테이프

커터 칼

1 물기를 제거한 대리석 작업대 위에 다용도 비닐을 놓고 플라스틱 스크레이퍼로 밀착시킨다.

2 짤주머니에 템퍼링한 초콜릿을 넣고 비닐에 가로로 길게 짠다.

3 작업대에 놓은 비닐과 같은 크기의 비닐을 덮고 밀대로 얇게 밀어 편다.

4 칼등 끝으로 긁어 선 자국이 선명하게 보일 때까지 살짝 굳힌다.

5 원하는 크기의 원형 커터로 찍는다.

6 초콜릿이 굳기 전 원형 커터의 지름과 비슷한 크기의 플라스틱 봉에 돌돌 말아 테이프를 붙여 고정한다.

7 냉장고에서 최소 30분 동안 굳힌다.

8 비닐에서 떼어 낸다.

tip 양면 비닐에서 작업한 초콜릿은 습도에 영향을 받지 않으므로 냉장고에서 보관할 수 있다

Variation

○ 홀케이크, 프티 가토, 타르트, 구움과자 등의 윗면 장식

○ 초콜릿 공예

3.

Square

One-Sided Square

단면 사각형

잘 만들어진 단면 사각형은 커팅 부분이 반듯하고 깔끔하며 광택이 좋고 1.5㎜ 정도의 슬림한 두께여야 합니다. 단면 원 장식과 마찬가지로 사용하려는 케이크의 사이즈가 작으면 이보다 얇게, 케이크의 크기가 크면 2㎜ 정도로 두껍게 만드는 것이 적당합니다. 단면 사각형은 단면 원 장식과 대비시켜 장식하거나, 사각 형태의 케이크에 층을 올리듯이 놓아 장식하면 잘 어울립니다. 이 밖에도 케이크의 옆면에 붙이면 마치 거울을 붙인 것 같은 느낌도 줄 수 있습니다. 심플하지만 활용도가 높은 장식이에요.

소요시간
1h 50min

냉장고에서 굳히는 시간
30min

난이도
★ ★ ★

One-Sided Square

재료

템퍼링한 초콜릿

-

도구

실리콘매트

다용도 비닐

플라스틱 스크레이퍼

실리콘 주걱

짤주머니

스패튤러

플라스틱 판

파이 롤링 커터

유산지

철판

1 실리콘매트에 다용도 비닐을 놓고 플라스틱 스크레이퍼로 밀착시킨다.

2 짤주머니에 템퍼링한 초콜릿을 넣고 비닐 한쪽 끝에 세로로 길게 짠다.

3 스패튤러를 사용해 초콜릿을 1.5㎜ 두께로 평평하게 펴 바른다.

4 실리콘매트의 대각선 끝을 잡고 흔들어 초콜릿 표면을 정리한다.

5 플라스틱 판 위에 옮기고 초콜릿이 손에 묻어나지 않을 정도로 살짝 굳힌다.

6 파이 롤링 커터를 사용해 가로 세로로 잘라 사각형을 만든다.

7 유산지를 덮고 철판에 뒤집어 올린다.

8 냉장고에서 최소 30분 동안 굳히고 비닐을 뗀다.

tip 사용하고 남은 단면 사각형은 비닐째 온도 18℃, 습도 60%의 초콜릿 전용 냉장고에서 보관한다.

Variation

○ 홀케이크, 프티 가토, 타르트 등의 윗면, 옆면 장식
(사각 모양의 디저트와 잘 어울림)

○ 초콜릿 공예

Two-Sided Square

양면 사각형

양면 사각형을 적절한 타이밍에 커팅해 깔끔한 선을 만드는 것이 관건입니다.
초콜릿에 자를 대고 과도로 재단할 경우 비닐을 자르지 않도록 주의해 주세요.
또한 자가 초콜릿 표면에 붙지 않도록 한쪽을 비스듬히 대고 커팅하는 것이
좋습니다. 초콜릿이 손에 묻어나지 않는 시점부터 커팅을 시작하면 다 자르기도
전에 초콜릿이 굳어 버릴 수 있습니다. 따라서 초콜릿이 너무 빨리 굳지 않도록
플라스틱 판이나 실리콘매트 위에 옮겨 자르는 것이 좋습니다. 하지만 이때도
신속, 정확하게 초콜릿을 자를 수 있도록 사전에 많은 연습이 필요합니다.
과도로 초콜릿을 자르는 것이 어렵다면 파이 롤링 커터를 사용해 자르도록
합니다.

소요시간	냉장고에서 굳히는 시간	난이도
1h 50min	30min	★★

Two-Sided Square

3

4

5

6-1

6-2

7

Powdered Square

1

3

4

재료
템퍼링한 초콜릿
금색 데코파우더
코코아파우더
-
도구
대리석 작업대
다용도 비닐
플라스틱 스크레이퍼
짤주머니
실리콘 주걱
밀대, 과도
파이 롤링 커터
플라스틱 봉, 테이프
커터 칼, 페뉴, 체,
실리콘매트, 스패튤러
유산지, 철판

Two-Sided Square

1 물기를 제거한 대리석 작업대 위에 다용도 비닐을 놓고 플라스틱 스크레이퍼로 밀착시킨다.

2 짤주머니에 템퍼링한 초콜릿을 넣고 비닐 한쪽 끝에 세로로 길게 짠다.

3 작업대에 놓은 비닐과 같은 크기의 비닐을 덮고 밀대로 얇게 밀어 편다.
tip 밀대를 일정한 방향으로 민다.

4 칼등으로 긁었을 때 선 자국이 선명하게 보일 때까지 살짝 굳힌다.

5 파이 롤링 커터를 사용해 가로 세로로 잘라 사각형을 만든다.

6 초콜릿이 완전히 굳기 전 플라스틱 봉에 말고 테이프를 붙여 고정한다.

7 냉장고에서 30분 동안 완전히 굳힌 뒤 양쪽 비닐을 뗀다.

Powdered Square

1 대리석 작업대에 다용도 비닐을 놓고 플라스틱 스크레이퍼와 페뉴를 사용해 금색 데코파우더를 군데군데 뿌린다.

2 코코아파우더도 군데군데 체 쳐 뿌린다.

3 실리콘매트에 비닐을 옮기고 한쪽 끝에 템퍼링한 초콜릿을 붓는다.

4 스패튤러를 사용해 초콜릿을 1.5mm 두께로 평평하게 펴 바른다.

5 실리콘매트의 대각선 끝을 잡고 흔들어 초콜릿 표면을 정리한다.

6 다른 실리콘매트에 비닐을 옮기고 초콜릿이 손에 묻어나지 않을 정도로 살짝 굳힌다.

7 파이 롤링 커터를 사용해 가로 세로로 잘라 사각형을 만든다.

8 7에 유산지를 덮고 철판에 뒤집어 올린다.

9 냉장고에서 30분 동안 완전히 굳히고 비닐을 뗀다.

Striped Square

줄무늬 사각형

줄무늬 사각형 장식은 여러 가지 색소를 사용해 만드는 장식으로, 색소들이 섞이지 않고 각각의 색이 잘 표현될 수 있도록 타이밍을 잘 맞춰 붓질을 하는 것이 중요합니다. 다양한 모양 커터를 이용해 다른 모양의 장식으로 응용할 수 있으며 비닐 두 장에 색소 작업을 해 굳힌 다음 양면 초콜릿 장식을 만들 듯 동일하게 작업하면 초콜릿 장식의 양면에 줄무늬를 낼 수 있습니다.

소요시간	냉장고에서 굳히는 시간	난이도
2h 30min	30min	★★★

Striped Square

재료
분홍색 초콜릿 색소
흰색 초콜릿 색소
하늘색 초콜릿 색소
빨간색 초콜릿 색소
템퍼링한 초콜릿

-

도구
유산지
다용도 비닐
실리콘 주걱
빵용 붓
실리콘매트
스패튤러
파이 롤링 커터
철판

1 유산지에 다용도 비닐을 놓고 한쪽 끝과 중앙에 분홍색 초콜릿 색소, 흰색 초콜릿 색소, 하늘색 초콜릿 색소, 빨간색 초콜릿 색소를 일정한 간격으로 떨어뜨린다.

2 빵용 붓을 가로로 누르면서 3~4회 붓질해 줄무늬를 만든다.
   tip 붓은 모가 빳빳한 것을 사용하는 것이 좋다.

3 색소를 완전히 굳혀 실리콘매트에 놓는다.

4 3의 한쪽 끝에 템퍼링한 초콜릿을 붓는다.

5 스패튤러를 사용해 초콜릿을 1.5mm 두께로 평평하게 펴 바른다.

6 실리콘매트의 대각선 끝을 잡고 흔들어 초콜릿 표면을 정리한다.

7 다른 실리콘매트에 6을 옮기고 초콜릿이 손에 묻어나지 않을 정도로 살짝 굳힌다.

8 파이 롤링 커터를 사용해 가로 세로로 잘라 사각형을 만든다.

9 8에 유산지를 덮고 철판에 뒤집어 올린다.

10 냉장고에서 30분 동안 완전히 굳히고 비닐을 뗀다.

Variation
○ 홀케이크, 프티 가토, 타르트, 구움과자 등의 윗면 또는 옆면 장식
○ 초콜릿 공예

Cube

큐브

큐브 장식을 만드는 방법은 다양합니다. 먼저 초콜릿으로 동일한 크기의 사각형을 6개 만들어 이음매를 녹여 붙이는 방법이 있고, 큐브 모양의 몰드를 사용하거나 폼보드로 원하는 크기의 큐브 몰드를 직접 만들어 이용하는 방법도 있습니다. 몰드나 폼보드를 사용해 큐브를 만들 때는 기포에 의해 초콜릿 표면에 구멍이 생기지 않도록 미리 붓으로 몰드 귀퉁이마다 초콜릿을 꼼꼼히 바른 다음 작업해야 합니다. 완성한 큐브에 플라스틱초콜릿으로 만든 리본을 감싸면 선물 상자 모양으로 응용할 수 있습니다. 이 밖에도 큐브의 다섯 면에 달군 원형 커터로 불규칙하게 구멍을 내고 가운데에 구 장식물을 붙여 손잡이처럼 연출하면 플레이트 디저트의 덮개로 활용할 수도 있습니다.

소요시간
3h

냉장고에서 굳히는 시간
방법❶ 1h
방법❷ 40min

난이도
★★★

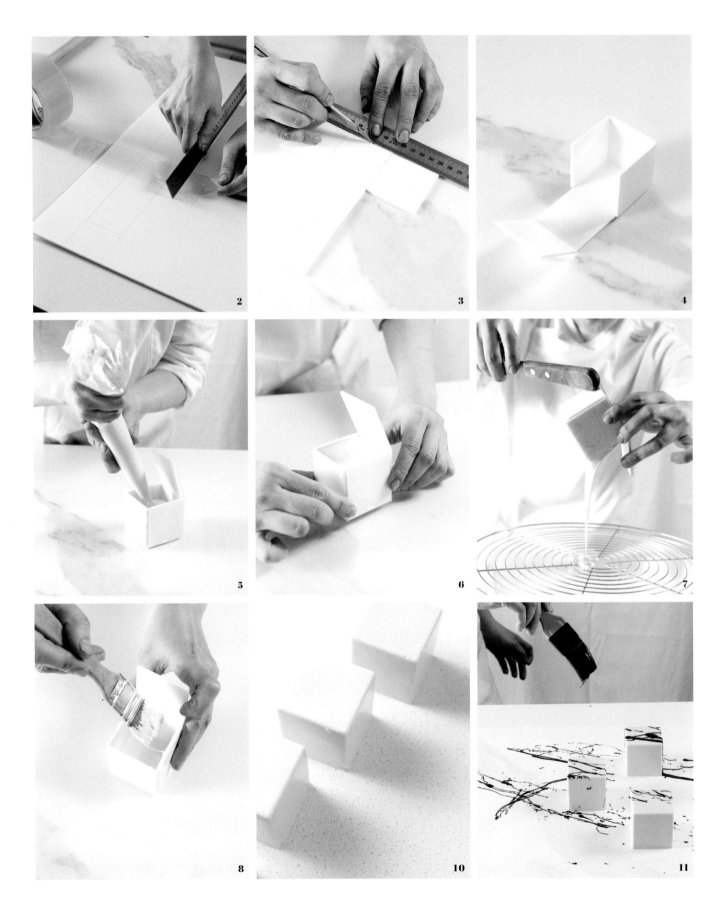

Cube 1

재료
템퍼링한 화이트초콜릿
다크코팅초콜릿(반호튼 블랙)
-
도구
폼보드
연필
자
박스 테이프
커터 칼
테이프
실리콘 주걱
짤주머니
볼
식힘망
빵용 붓
유산지
철판
다용도 비닐

1 폼보드에 아래의 도면을 그려 자른다.

2 표면에 박스 테이프를 꼼꼼하게 붙여 미세한 구멍을 막는다.

tip 폼보드의 표면에 박스 테이프를 붙이면 완성한 초콜릿 장식의 표면에 반짝이는
광이 난다. 이때 박스 테이브 내부에 기포가 갇혀 울퉁불퉁하게 붙여지지 않도록
주의한다.

3 접히는 부분의 바깥면에 커터 칼로 살짝 칼집을 낸다.

tip 박스 테이프를 붙인 면이 안쪽이 된다.

4 폼보드를 접어 정육면체를 만들고 윗부분을 제외한 남은 이음매에 테이프를
붙인다.

tip 이음매에 빈틈이 생기면 초콜릿이 새어 나오므로 꼼꼼하게 테이프를 붙인다.

5 짤주머니에 템퍼링한 화이트초콜릿을 넣고 4에 가득 짜 넣는다.

tip 화이트초콜릿은 40℃-25℃-28℃로 템퍼링한다.

6 작업대에 가볍게 두드려 기포를 정리한 다음 3~5분 동안 둔다.

tip 초콜릿을 붓고 바로 쏟아 내지 않고 그대로 잠시 두어 옆면을 두껍게 만든다.

7 볼에 식힘망을 올리고 6을 뒤집어 초콜릿을 쏟아 낸다.

8 7의 윗부분 폼보드의 안쪽 면에 템퍼링한 화이트초콜릿을 빵용 붓으로 3회
바른다.

9 윗부분 폼보드를 덮고 테이프를 붙여 고정시킨 뒤 냉장고에서 최소 1시간 동안
굳힌다.

10 커터 칼로 테이프를 자르고 폼보드를 제거한다.

11 유산지에 초콜릿 큐브를 올리고 35℃로 녹인 다크코팅초콜릿을 빵용 붓에 발라
겉면에 뿌린다.

tip 코팅초콜릿은 카카오 버터가 식물성 경화 유지로 대체된 가공초콜릿으로 별도의
템퍼링 작업이 필요 없다.

12 철판에 다용도 비닐을 깔고 11을 올려 완전히 굳힌다.

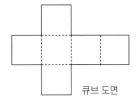

큐브 도면

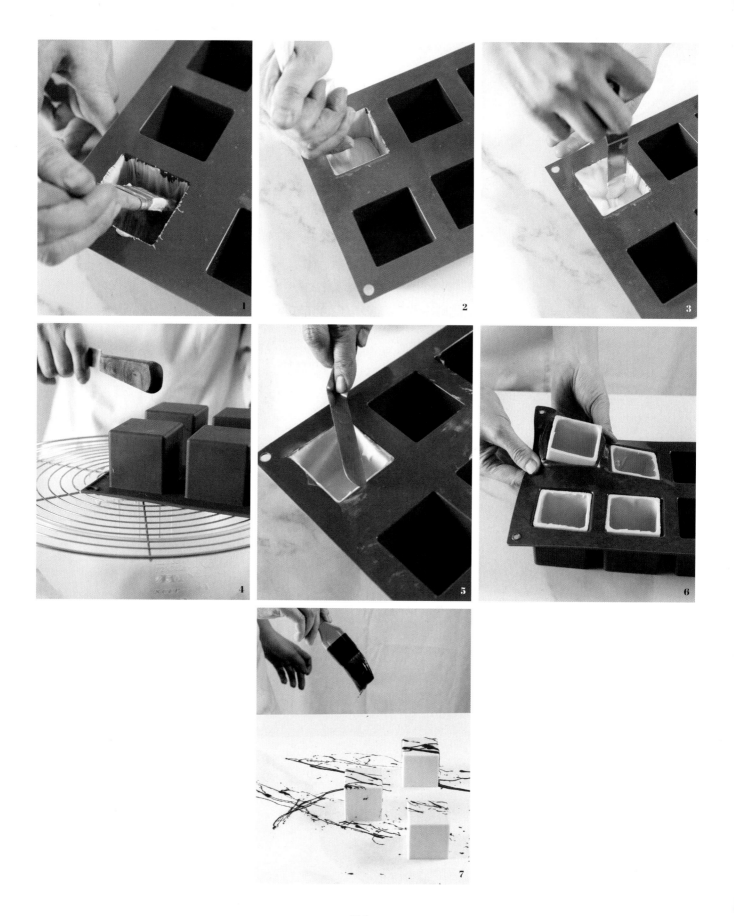

Cube 2

재료

템퍼링한 화이트초콜릿

다크코팅초콜릿(반호튼 블랙)

-

도구

큐브 모양 실리콘 몰드

빵용 붓

실리콘 주걱

짤주머니

스패튤러

볼

식힘망

유산지

철판

다용도 비닐

1 5㎝ 크기의 큐브 모양 실리콘 몰드(silikomart SF104)에 템퍼링한 화이트초콜릿을 빵용 붓으로 바른다.

2 짤주머니에 템퍼링한 화이트초콜릿을 넣고 1에 가득 짠다.

tip 화이트초콜릿은 40℃-25℃-29℃로 템퍼링한다.

3 옆면에 초콜릿이 균일하게 묻도록 스패튤러로 정리한 다음 3~5분 동안 둔다.

4 볼에 식힘망을 올리고 몰드를 뒤집어 초콜릿을 쏟아 낸다.

5 초콜릿이 손에 묻어나지 않을 정도로 살짝 굳으면 윗면을 스패튤러로 정리한다.

6 냉장고에서 40분 동안 굳힌 다음 몰드에서 뺀다.

tip 윗면이 오픈돼 있어 비교적 짧은 시간 안에 초콜릿이 굳는다.

7 유산지에 초콜릿 큐브를 올리고 35℃로 녹인 다크코팅초콜릿을 빵용 붓에 발라 겉면에 뿌린다.

8 철판에 다용도 비닐을 깔고 7을 올려 완전히 굳힌다.

Variation

○ 주사위 모양의 쇼 피스

○ 프티 가토

○ 플레이트 디저트의 장식

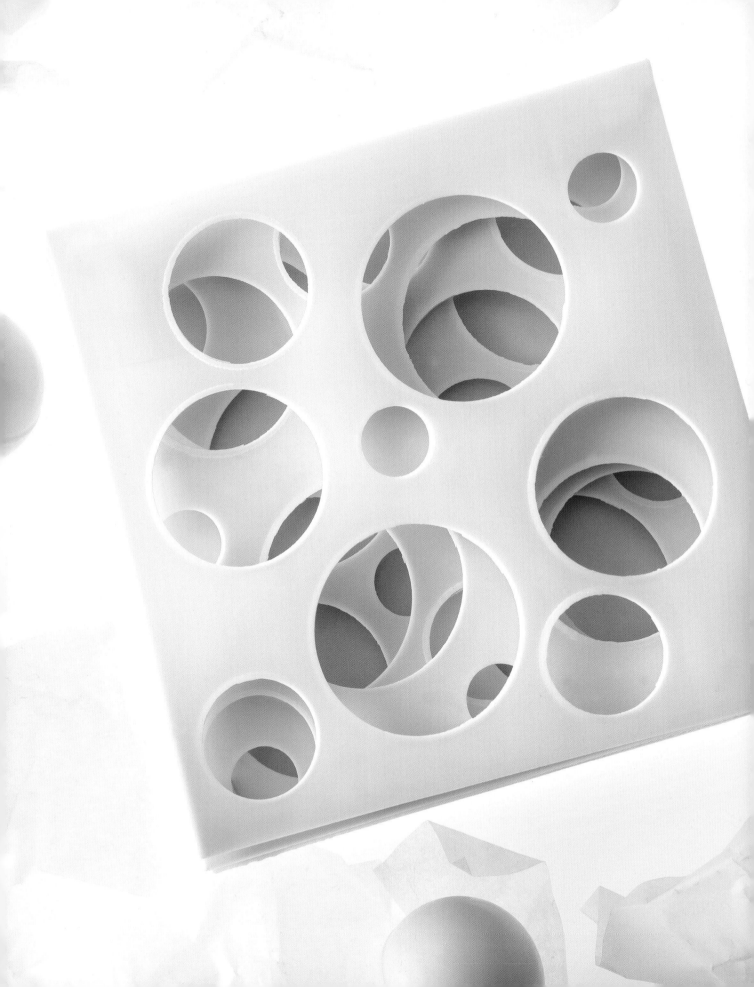

Holey Square

구멍 많은 사각형

서로 다른 크기의 둥근 구멍이 난 사각형 초콜릿을 여러 겹 겹쳐 올리면 입체 미를 느낄 수 있습니다. 사각형 초콜릿에 구멍을 낼 때는 가운데에만 쏠리지 않도록 골고루, 특히 가장자리에 아슬아슬하게 뚫어야 정교해 보입니다. 단 구 멍을 뚫는 타이밍이 너무 늦으면 초콜릿이 부러지거나 표면에 흰색 테두리가 생길 수 있고 너무 이르면 다시 붙게 되므로 정확한 타이밍에 구멍을 낼 수 있 도록 신경 써 주세요. 또한 구멍끼리 붙지 않도록 초콜릿을 돌려 가며 구멍을 내는 것이 좋습니다.

소요시간	굳히는 시간(서늘한 곳)	난이도
3h	1h	★★★

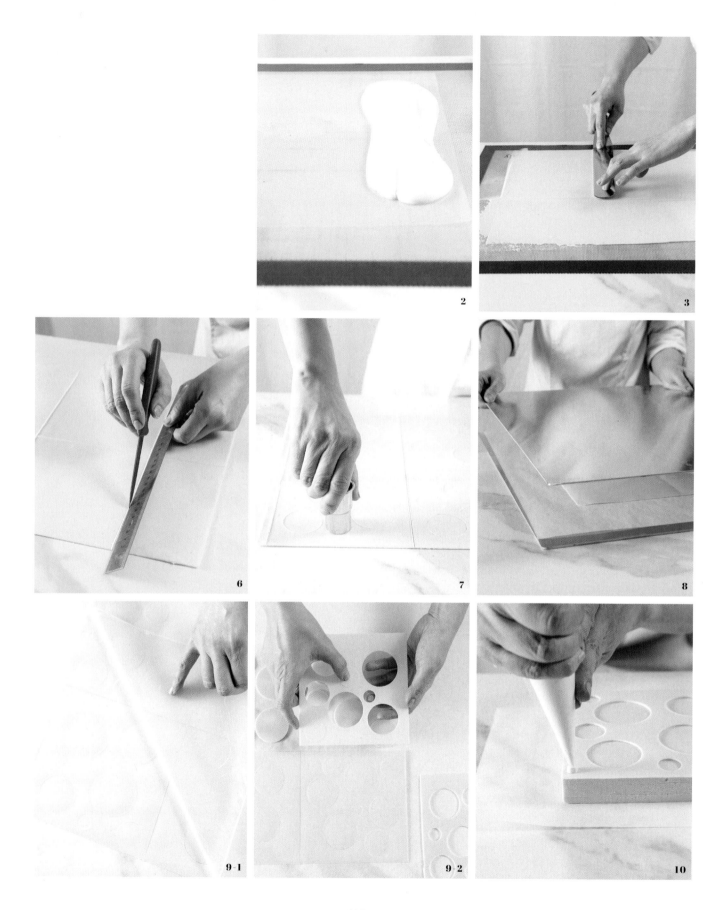

Holey Square

재료

템퍼링한 화이트초콜릿

-

도구

실리콘매트

다용도 비닐

플라스틱 스크레이퍼

실리콘 주걱

스패튤러

자

과도

원형 커터

철판

유산지

짤주머니

1 실리콘매트에 다용도 비닐을 놓고 플라스틱 스크레이퍼로 밀착시킨다.

2 템퍼링한 화이트초콜릿을 비닐 한쪽 끝에 세로로 길게 붓는다.

    tip 화이트초콜릿은 40℃-25℃-29℃로 템퍼링한다.

3 스패튤러를 사용해 초콜릿을 2㎜ 두께로 평평하게 펴 바른다.

4 실리콘매트의 대각선 끝을 잡고 흔들어 초콜릿 표면을 정리한다.

5 작업대에 옮기고 초콜릿이 손에 묻어나지 않을 정도로 살짝 굳힌다.

6 원하는 크기의 사각형으로 자른다.

7 지름 1~5㎝ 크기의 원형 커터를 불규칙하게 찍어 무늬를 낸다.

8 철판에 유산지를 깔고 7을 뒤집어 올린 뒤 철판을 1장 더 올려 서늘한 곳(18℃)에서 1시간 동안 굳힌다.

    tip 초콜릿이 굳는 동안 휘지 않도록 철판을 올리는 것이다. 냉장고에서 초콜릿을 굳히면 비교적 빠른 시간 내에 굳으면서 초콜릿이 수축하는 정도의 차이에 의해 폭이 얇은 부분들이 부서질 수 있다. 따라서 서늘한 곳에서 서서히 굳히는 것이 안정적이다.

9 비닐을 떼 원형 커터로 자른 초콜릿을 빼내고 사각형만 남긴다.

10 사각 초콜릿을 남은 템퍼링한 화이트초콜릿을 이용해 구멍이 엇갈리도록 쌓아 붙인다.

Variation

○ 홀케이크, 사각 타르트 등의 윗면 장식
  (구멍 사이로 콩포트 또는 젤리가 보이게 마무리)

○ 초콜릿 공예

○ 플레이트 디저트의 장식

Marbled Square

마블 무늬 사각형

세 가지 다른 종류의 초콜릿과 색소 등을 가볍게 섞어 대리석 무늬를 내고 그대로 굳히는 장식입니다. 초콜릿과 색소를 섞을때 너무 많이 젓거나 비닐 위에 급하게 쏟으면 애써 만든 대리석 무늬가 망가질 수 있으니 조심스럽게 색소가 섞인 부분만 붓는 것이 좋습니다. 색소는 빨간색과 초록색처럼 서로 색상 대비가 확연한 것을 사용해야 보다 선명하게 무늬를 표현할 수 있습니다.

소요시간	냉장고에서 굳히는 시간	난이도
4h	30min	★★☆

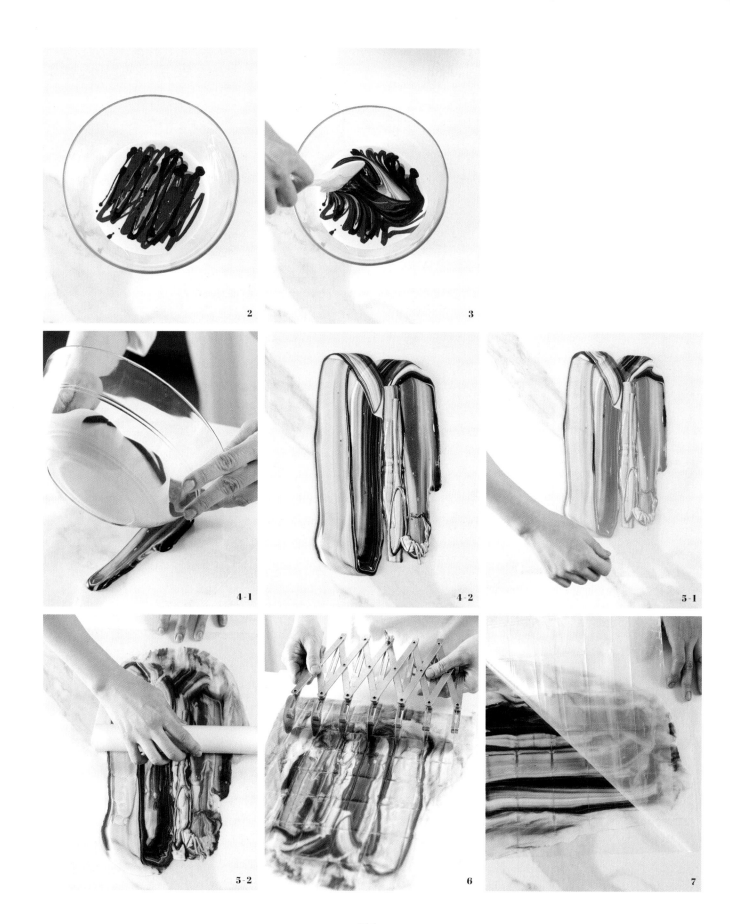

Marbled Square

재료

템퍼링한 화이트초콜릿 200g
템퍼링한 밀크초콜릿 50g
템퍼링한 다크초콜릿 20g
빨간색 초콜릿 색소
초록색 초콜릿 색소

-

도구

볼
실리콘 주걱
대리석 작업대
다용도 비닐
밀대
파이 롤링 커터
철판

1 볼에 템퍼링한 화이트초콜릿을 넣고 윗면에 템퍼링한 밀크초콜릿, 템퍼링한 다크초콜릿을 각각 지그재그로 2회, 1회 붓는다.

   tip 화이트초콜릿은 40℃-25℃-28℃로 템퍼링한다.

   tip 밀크초콜릿은 40℃-26℃-29℃로 템퍼링한다.

   tip 다크초콜릿은 45℃-27℃-32℃로 템퍼링한다.

2 윗면에 35℃로 녹인 빨간색 초콜릿 색소, 초록색 초콜릿 색소를 떨어트린다.

3 실리콘 주걱으로 1~2바퀴 돌려 섞는다.

4 대리석 작업대에 다용도 비닐을 밀착시킨 다음 3을 붓는다.

5 윗면에 같은 크기의 다용도 비닐을 덮고 밀대로 1.5㎜ 두께가 될 때까지 밀어 편다.

6 초콜릿을 살짝 굳힌 뒤 파이 롤링 커터를 사용해 사각형으로 자른다.

7 철판에 올려 냉장고에서 30분 동안 완전히 굳힌 후 비닐을 뗀다.

Variation

○ 대리석 무늬를 표현하고 싶은 모든 디저트의 장식

○ 초콜릿 공예

Wrinkled Square

주름진 사각형

종이 포일을 구겨 생기는 주름을 초콜릿에 응용한 장식입니다. 완성한 장식에 조명을 비추면 주름 사이의 자잘한 면들이 아름답게 살아납니다. 종이 포일을 구길 때는 주름이 확실히 생길 수 있도록 종이 포일을 손으로 쥐고 주먹을 쥐듯 강한 힘을 주어 구깁니다. 일반 종이는 초콜릿이 붙기 때문에 사용하지 않습니다. 종이 포일 대신 비닐을 사용해 만들어도 좋습니다. 하지만 종이 포일과 비교했을 때 비교적 주름이 덜 선명한 단점이 있습니다. 쿠킹 포일의 경우 작업 후 초콜릿이 잘 떨어지지만 초콜릿 사이에 포일 조각이 박혀 빼내기 곤란한 상황이 발생할 수 있으므로 주의하세요.

소요시간	냉장고에서 굳히는 시간	난이도
1h 50min	30min	★ ★ ★

Wrinkled Square

재료
템퍼링한 다크초콜릿
금색 데코파우더
-
도구
종이 포일
실리콘매트
실리콘 주걱
스패튤러
철판
메이크업용 블러셔 붓

1   종이 포일을 구긴 다음 다시 편다.

2   실리콘매트에 구긴 종이 포일을 올려 고정한다.

3   종이 포일 한쪽 끝에 템퍼링한 다크초콜릿을 부은 다음 스패튤러를 사용해
    2mm 두께로 평평하게 펴 바른다.

    tip 다크초콜릿은 45℃-27℃-32℃로 템퍼링한다.

    tip 초콜릿의 두께가 너무 얇으면 종이 포일의 구겨진 부분이 부러지므로 주의한다.

4   실리콘매트의 대각선 끝을 잡고 흔들어 초콜릿 표면을 정리한다.

5   철판에 옮겨 냉장고에서 30분 동안 완전히 굳힌다.

6   초콜릿을 뒤집어 종이 포일을 뗀다.

7   겉면에 메이크업용 블러셔 붓으로 금색 데코파우더를 바른다.

8   원하는 크기로 자른다.

Variation
○ 각종 케이크 및 타르트의 윗면 장식
○ 디저트를 감싸는 용도
○ 초콜릿 공예에 자연스러운 주름을 표현하고 싶을 때

Transfer Sheet Square

전사지 무늬 사각형

전사지란 비닐에 카카오 버터(혹은 식물성 경화 유지)를 베이스로 한 식용 색소를 기계를 이용해 다양한 패턴으로 프린트해 판매하는 패턴지입니다. 전사지를 사용하면 별도의 색소 작업 없이 템퍼링한 초콜릿을 부어 원하는 모양으로 잘라 간편하게 장식을 만들 수 있는 장점이 있습니다. 전사지의 표면에 프린트된 유지는 열에 약하기 때문에 서늘하고 건조한 곳에 보관해야 합니다. 이때 전사지가 구겨지면 프린트된 색소가 떨어질 수 있으므로 별도의 비닐에 밀봉해 보관합니다. 고온다습한 여름철에는 냉장고에서 보관하는 것이 좋습니다. 전사지의 유통 기한은 보통 1년으로 이를 넘은 전사지는 사용하지 않도록 합니다. 전사지 무늬 사각형을 만들 때 간혹 전사지의 무늬가 초콜릿과 분리되는 현상이 발생할 수 있습니다. 이는 초콜릿이 차갑거나 되직할 때, 전사지가 오래됐을 때 발생할 수 있는 문제입니다. 전사지에 초콜릿을 펴 바를 때는 초콜릿의 온도를 32℃로 맞춰 흐름성이 좋은 상태로 준비합니다.

소요시간	냉장고에서 굳히는 시간	난이도
1h 50min	30min	★ ★ ★

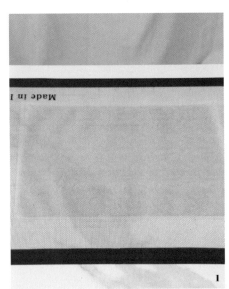

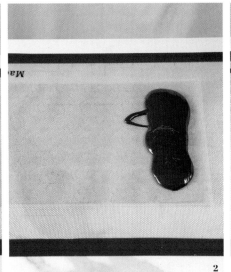

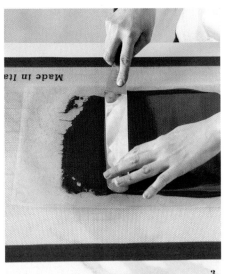

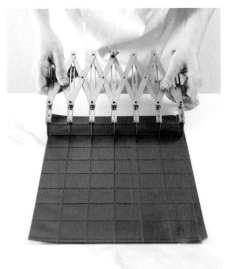

Transfer Sheet Square

재료

템퍼링한 초콜릿

-

도구

실리콘매트

초콜릿용 전사지

실리콘 주걱

스패튤러

대리석 작업대

파이 롤링 커터

철판

유산지

1 실리콘매트에 초콜릿용 전사지를 고정한다.

2 템퍼링한 초콜릿을 초콜릿용 전사지 한쪽 끝에 세로로 길게 붓는다.

3 스패튤러를 사용해 초콜릿을 1.5㎜ 두께로 평평하게 펴 바른다.

4 실리콘매트의 대각선 끝을 잡고 흔들어 초콜릿 표면을 정리한다.

5 대리석 작업대에 옮겨 손에 묻어나지 않을 정도로 살짝 굳힌다.

6 파이 롤링 커터를 사용해 사각형으로 자른다.

7 철판에 유산지를 깔고 6을 뒤집어 올린 다음 냉장고에서 30분 동안 완전히
   굳힌다.

8 전사지를 떼어 낸다.

Variation

○ 봉봉 초콜릿의 윗면

○ 홀케이크, 프티 가토의 윗면 또는 옆면 장식

○ 브랜드 로고를 전사지에 프린트해 초콜릿 픽으로 활용

Tiger Print Square

호피 무늬 사각형

초콜릿 장식을 만들 때 색소를 활용하면 광택이 좋아지고 다양한 표현이 가능해집니다. 특히 색소 안에 들어 있는 카카오 버터의 성질을 제대로 이용하면 원하는 색과 무늬를 얼마든지 만들 수 있어 디저트나 공예에 활용하기 좋습니다. 호피 무늬 사각형은 여러 가지 색의 색소와 붓, 원형 커터 등의 도구를 사용해 질감과 무늬를 낸 장식입니다. 이 장식을 만들 때 가장 중요한 점은 색소의 온도를 흐름성이 좋은 35℃ 이하로 맞춰 사용해야 한다는 것입니다. 이를 잘 지키는 것만으로도 초콜릿과 색소가 분리되는 현상을 방지할 수 있으며 훌륭한 광택의 초콜릿 장식을 완성할 수 있습니다.

소요시간
2h 40min

냉장고에서 굳히는 시간
30min

난이도
★★★

Tiger Print Square

재료

노란색 초콜릿 색소
주황색 초콜릿 색소
빨간색 초콜릿 색소
흰색 초콜릿 색소
템퍼링한 초콜릿
-

도구

대리석 작업대
다용도 비닐
숟가락
페인트용 붓
원형 커터
실리콘매트
실리콘 주걱
스패튤러
파이 롤링 커터
철판
유산지

1 대리석 작업대에 다용도 비닐을 고정하고 35℃로 온도를 맞춘 노란색 초콜릿 색소를 숟가락으로 군데군데 뿌린다.

2 35℃로 온도를 맞춘 주황색 초콜릿 색소, 빨간색 초콜릿 색소를 차례대로 군데군데 뿌린다.

3 페인트용 붓으로 왼쪽에서 오른쪽으로 긁듯이 2~3회 칠해 빗살무늬를 만든다.
   tip 한 번에 이어 붓질하고, 색소가 식으면서 무늬가 나도록 여러 번 칠한다. 모가 빳빳한 페인트용 붓을 사용하도록 한다.

4 35℃로 온도를 맞춘 흰색 초콜릿 색소를 군데군데 뿌리고 페인트용 붓으로 칠한다.

5 색소가 완전히 굳으면 원형 커터를 사용해 물결 모양으로 색소를 긁어낸다.

6 실리콘매트에 옮기고 비닐 한쪽 끝에 템퍼링한 초콜릿을 세로로 길게 붓는다.

7 스패튤러를 사용해 초콜릿을 1.5㎜ 두께로 평평하게 펴 바른다.

8 실리콘매트의 대각선 끝을 잡고 흔들어 초콜릿 표면을 정리한다.

9 대리석 작업대에 옮겨 손에 묻어나지 않을 정도로 살짝 굳힌다.

10 파이 롤링 커터를 사용해 사각형으로 자른다.

11 철판에 유산지를 깔고 10을 뒤집어 올려 냉장고에서 30분 동안 완전히 굳힌다.

12 비닐을 떼어 낸다.

Variation

○ 홀케이크, 프티 가토, 타르트, 봉봉 초콜릿의 장식
○ 초콜릿 공예

4.

Band & Plant

Basic Band

기본 밴드

기본 밴드 장식은 가장 많이 사용되는 초콜릿 장식 중 하나입니다. 케이크의 가장자리에 둘러주는 것만으로도 리본을 두른 듯 고급스러운 분위기를 낼 수 있습니다. 또한 케이크의 볼륨이 풍성해 보이는 효과도 있습니다. 밴드 장식이 케이크와 잘 어우러질 수 있도록 하기 위해서는 우선 밴드의 두께가 얇고 균일해야 합니다. 또 밴드 가장자리의 선이 간결하고 광택도 좋아야 합니다. 케이크의 크기가 작다면 초콜릿 밴드를 미리 만들어 두었다가 케이크에 두르면 됩니다. 이 경우에는 케이크 둘레와 같은 크기의 플라스틱 봉을 가지고 있어야 정확하게 딱 맞는 밴드를 완성할 수 있겠지요. 가장 흔히 제작되는 프티 가토 사이즈인 지름 5~8㎝ 크기와 같은 플라스틱 봉을 미리 구비해 두세요.

소요시간	냉장고에서 굳히는 시간	난이도
2h	30min	★ ★ ★

4

5

6

7-1

7-2

Basic Band

재료

템퍼링한 초콜릿

-

도구

플라스틱 봉

유산지

테이프

실리콘매트

다용도 비닐

플라스틱 스크레이퍼

실리콘 주걱

스패튤러

플라스틱 판

파이 롤링 커터

커터 칼

1 플라스틱 봉에 유산지를 말고 테이프를 붙여 고정한다.

2 실리콘매트에 다용도 비닐을 놓고 플라스틱 스크레이퍼로 밀착시킨다.

3 템퍼링한 초콜릿을 한쪽 끝에 세로로 길게 붓는다.

4 스패튤러를 사용해 초콜릿을 1.5㎜ 두께로 평평하게 펴 바른다.

5 실리콘매트의 대각선 끝을 잡고 흔들어 초콜릿 표면을 정리한다.

6 플라스틱 판에 옮겨 손에 묻어나지 않을 정도로 살짝 굳힌 다음 파이 롤링
커터를 사용해 2.5㎝ 폭으로 자른다.

7 윗면에 유산지를 덮은 뒤 1에 말아 테이프를 붙이고 고정한다.

8 냉장고에서 30분 동안 완전히 굳힌다.

9 유산지를 제거해 비닐을 떼고 초콜릿을 정리한다.

Variation

○ 케이크 옆면 장식

○ 작은 사이즈로 만들어 케이크 윗면에 세워서 장식

○ 벨트 느낌으로 표현하고 싶을 때

NOTE _ 원형 케이크의 옆면에 밴드 장식을 두를 때

① 다용도 비닐을 케이크의 둘레 길이 + 2㎝ × 케이크의 높이로 자른다.

② 실리콘매트에 재단한 비닐을 놓고 플라스틱 스크레이퍼로 밀착시킨다.

③ 비닐 한쪽 끝에 템퍼링한 초콜릿을 붓고 스패튤러로 평평하게 펴 바른다.

④ 실리콘매트의 대각선 끝을 잡고 흔들어 초콜릿 표면을 정리하고 대리석
작업대로 옮긴다.

⑤ 초콜릿이 손에 묻어나지 않을 정도로 살짝 굳으면 냉장 온도의 케이크 둘레에
밴드를 두르고 테이프를 붙여 고정한다.

tip 냉동 온도의 케이크에 초콜릿을 두르면 케이크가 해동되면서 온도 차에
의해 초콜릿에 물이 생기고 광택이 사라지게 된다. 따라서 케이크를 냉장고
온도로 해동한 후 초콜릿을 두른다.

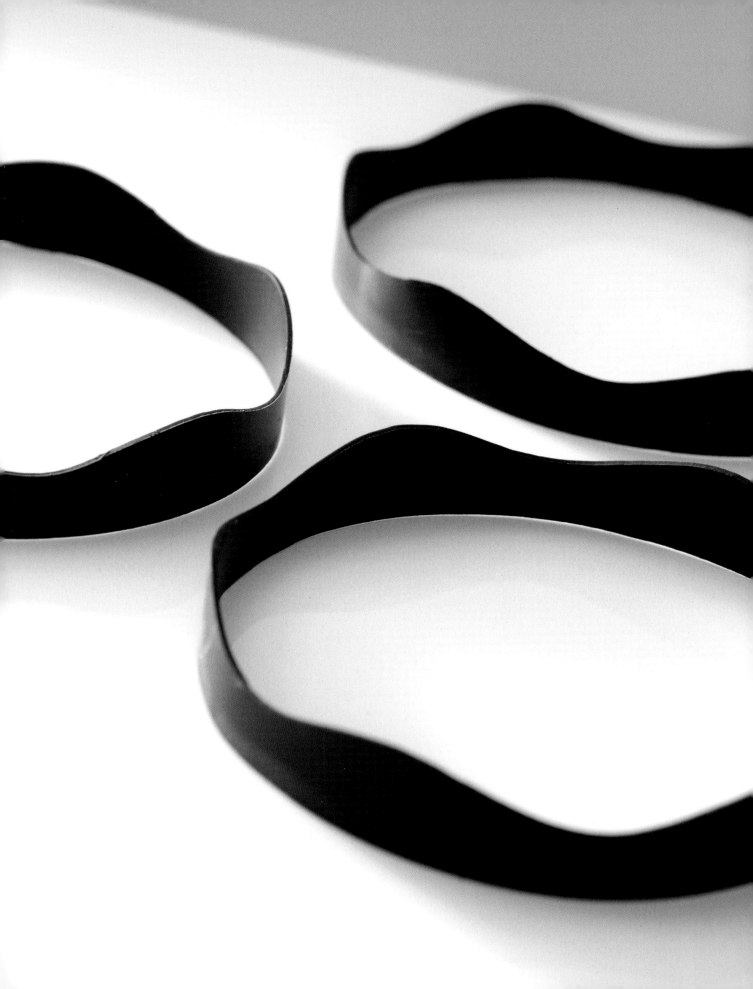

Wavy Band

물결 밴드

우아한 곡선미가 흐르는 '물결 밴드'는 케이크 전반에 사랑스러운 무드를 표현할 수 있는 장식입니다. 평탄 작업을 마친 초콜릿에 물결무늬를 그릴 때는 중간에 끊지 않고 쭉 이어 그리는 것이 중요합니다. 비닐의 가운데에 몸의 중심을 맞추고 처음부터 끝까지 한 번에 물결무늬 선을 그으면 매끄러운 느낌의 밴드를 완성할 수 있습니다. 또 초콜릿에 물결무늬를 그리기 전 평탄 작업을 마친 초콜릿의 가장자리를 과도로 잘라 정리하면 한결 깔끔하고 정교하게 장식을 만들 수 있습니다. 초콜릿을 커팅할 때는 비닐까지 자르지 않도록 초콜릿의 바닥까지만 닿는다는 느낌으로 잘라 주세요.

소요시간	냉장고에서 굳히는 시간	난이도
2h 30min	30min	★★☆

Wavy Band

재료		
템퍼링한 초콜릿	**1**	폼보드에 물결무늬를 그리고 자른다.
-	**2**	원하는 크기의 원형 무스케이크 틀에 틀 높이보다 1㎝ 정도 높게 재단한
도구		유산지를 두르고 테이프를 붙여 고정한다.
폼보드	**3**	무스케이크용 비닐 띠지를 틀 크기에 맞게 잘라 실리콘매트에 놓고 플라스틱
연필		스크레이퍼로 밀착시킨 다음 템퍼링한 초콜릿을 붓는다.
커터 칼	**4**	스패튤러로 평평하게 펴 바른 뒤 실리콘매트의 대각선 끝을 잡고 흔들어 초콜릿
원형 무스케이크 틀		표면을 정리한다.
유산지	**5**	대리석 작업대에 옮기고 과도로 테두리를 정리한다.
테이프	**6**	초콜릿이 손에 묻지 않을 정도로 굳으면 한쪽 끝에 자른 폼보드를 대고
무스케이크용 비닐 띠지		대꼬챙이를 이용해 물결 무늬를 따라 자른다.
실리콘매트	**7**	2에 자른 초콜릿 밴드를 두르고 테이프를 붙여 고정한 후 냉장고에서 30분
플라스틱 스크레이퍼		동안 완전히 굳힌다.
실리콘 주걱	**8**	테이프, 비닐을 떼고 초콜릿을 정리한다.
스패튤러		
대리석 작업대		
과도		
대꼬챙이		

Variation
○ 각종 케이크의 옆면 장식
○ 케이크의 윗면 가운데 장식
　(밴드 안으로 과일 등을 담아 바구니로 연출 가능)

Crown Band

왕관 밴드

물결 밴드보다 곡선의 형태가 조금 더 복잡해 작업할 때 숙련도와 정교함이 요구되는 장식입니다. 밴드 윗부분의 구불구불한 곡선이 굳으면서 깨지기 쉽기 때문이지요. 따라서 초콜릿의 두께가 2㎜ 정도 되도록 조금 두께감 있게 평탄 작업하고, 초콜릿이 살짝 굳으면 바로 구부려 밴드의 모양을 잡아야 합니다. 이 장식을 케이크의 옆면에 두르고 싶다면 케이크를 냉장 온도로 준비해 두고 초콜릿이 살짝 굳으면 바로 케이크의 가장자리에 둘러 굳히는 것이 좋습니다.

소요시간	냉장고에서 굳히는 시간	난이도
2h 40min	30min	★★☆

Crown Band

재료

템퍼링한 화이트초콜릿
초록색 초콜릿 색소
노란색 초콜릿 색소
-

도구

원형 무스케이크 틀
유산지
테이프
폼보드
연필
커터 칼
무스케이크용 비닐 띠지
실리콘매트
플라스틱 스크레이퍼
비커
실리콘 주걱
스패튤러
대리석 작업대

1 원형 무스케이크 틀에 틀 높이보다 1㎝ 정도 높게 자른 유산지를 두르고 테이프를 붙여 고정시킨다.

2 폼보드에 구불구불한 선을 그리고 자른다.

3 무스케이크용 비닐 띠지를 틀의 둘레에 맞게 자른 다음 한쪽 끝에 2를 대고 자른다.

4 실리콘매트에 3을 놓고 플라스틱 스크레이퍼로 밀착시킨다.

5 비커에 템퍼링한 화이트초콜릿, 35℃로 온도를 맞춘 초록색 초콜릿 색소와 노란색 초콜릿 색소를 넣고 실리콘 주걱으로 섞어 연두색 초콜릿을 만든다.

tip 화이트초콜릿은 40℃-25℃-28℃로 템퍼링한다.

tip 화이트초콜릿의 온도가 32℃ 이상 올라가면 템퍼링이 깨져 초콜릿이 굳지 않을 수 있으므로 주의한다.

6 4에 5를 붓고 스패튤러로 초콜릿이 2㎜ 두께가 되도록 평평하게 펴 바른다.

7 실리콘매트의 대각선 끝을 잡고 흔들어 초콜릿 표면을 정리한다.

8 테두리를 정리해 대리석 작업대에 옮기고 초콜릿이 손에 묻지 않을 정도로 살짝 굳힌다.

9 무스케이크 틀에 두르고 테이프를 붙여 고정한 후 냉장고에서 30분 동안 굳힌다.

tip 왕관의 구불구불한 곡선이 굳으면서 깨지지 않도록 초콜릿이 살짝 굳으면 바로 케이크에 둘러 붙인다.

10 틀을 빼고 테이프, 비닐을 떼어 낸다.

Variation

○ 프티 가토, 홀케이크의 옆면 및 윗면 장식
○ 초콜릿 공예

Two-Tone Triangular Band

투톤 삼각 밴드

서로 다른 색상의 두 가지 초콜릿을 사용해 양면에 색을 입히고, 삼각형으로 잘라 밴드 모양으로 완성한 장식물입니다. 이 장식은 두 가지 초콜릿을 차례대로 평탄 작업해 만들기 때문에 각 초콜릿의 두께가 1㎜ 내외가 되도록 얇게 펴 바르는 것이 중요합니다. 초콜릿의 작업 순서는 카카오 함량이 낮은 초콜릿을 먼저 평탄 작업하고 살짝 굳으면 그 위에 다른 색의 초콜릿을 얇게 평탄 작업합니다. 두 가지 색이 서로 비치치 않도록 흰색 베이스의 파스텔 색감을 사용하는 것이 좋으며, 장식의 두께는 2.5㎜를 넘지 않도록 작업합니다.

소요시간	냉장고에서 굳히는 시간	난이도
2h	30min	★★☆

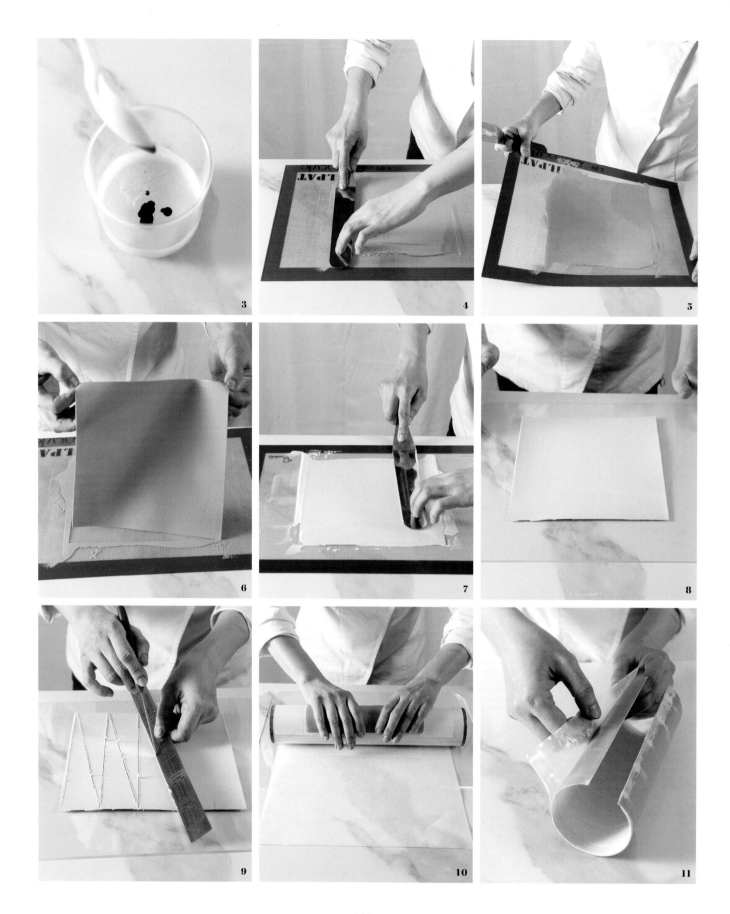

Two-Tone Triangular Band

재료

템퍼링한 화이트초콜릿
흰색 초콜릿 색소
빨간색 초콜릿 색소
-
도구
플라스틱 봉
유산지
테이프
실리콘매트
다용도 비닐
플라스틱 스크레이퍼
비커
실리콘 주걱
스패튤러
플라스틱 판
자
과도
커터 칼

1 플라스틱 봉에 유산지를 말아 테이프를 붙이고 고정한다.

2 실리콘매트에 다용도 비닐을 놓고 플라스틱 스크레이퍼로 밀착시킨다.

3 비커에 템퍼링한 화이트초콜릿, 35℃로 온도를 맞춘 흰색 초콜릿 색소, 빨간색 초콜릿 색소를 넣고 실리콘 주걱으로 섞어 분홍색 초콜릿을 만든다.
   tip 화이트초콜릿은 40℃-25℃-28℃로 템퍼링한다.

4 2에 3을 붓고 스패튤러로 초콜릿이 1~1.5㎜ 두께가 되도록 평평하게 펴 바른다.

5 실리콘매트의 대각선 끝을 잡고 흔들어 초콜릿 표면을 정리한다.

6 테두리를 정리해 다른 실리콘매트에 옮기고 초콜릿이 손에 묻지 않을 정도로 살짝 굳힌다.

7 템퍼링한 화이트초콜릿을 붓고 스패튤러로 초콜릿이 1~1.5㎜ 두께가 되도록 평평하게 정리한다.

8 테두리를 정리해 플라스틱 판에 옮기고 초콜릿이 손에 묻지 않을 정도로 살짝 굳힌다.

9 자와 과도를 사용해 이등변 삼각형 모양으로 자른다.

10 윗면에 유산지를 올린 다음 1에 말아 테이프를 붙이고 고정한다.

11 냉장고에서 30분 동안 완전히 굳힌 뒤 테이프, 유산지, 비닐을 제거하고 초콜릿을 정리한다.

Variation

○ 케이크의 옆면 장식(특히 돔 형태의 케이크와 잘 어울림)
○ 작게 만들어 케이크의 윗면 장식

Twister Band

회오리 밴드

S라인 형태의 회오리 밴드는 뾰족한 선 끝으로 인해 운동성과 리듬감을 느끼게 합니다. 디저트의 옆면 또는 윗면 장식으로 쓰여 전체적으로 볼륨감을 주기도 하지요. 이 장식은 재단이 까다로워 초콜릿을 자르는 도중에 초콜릿이 굳으면서 끝부분이 부러지거나 흰 얼룩이 생길 수 있습니다. 이를 방지하기 위해서는 열전도율이 낮은 실리콘 재질의 도마나 평평한 나무판 위에 초콜릿을 올려놓고 작업하는 것이 좋습니다. 초콜릿을 마는 각도에 따라 전혀 다른 분위기의 장식이 만들어지므로 본인이 표현하고자 하는 디자인에 어울리도록 초콜릿에 굴곡을 만듭니다.

소요시간	냉장고에서 굳히는 시간	난이도
1h 40min	30min	★★☆

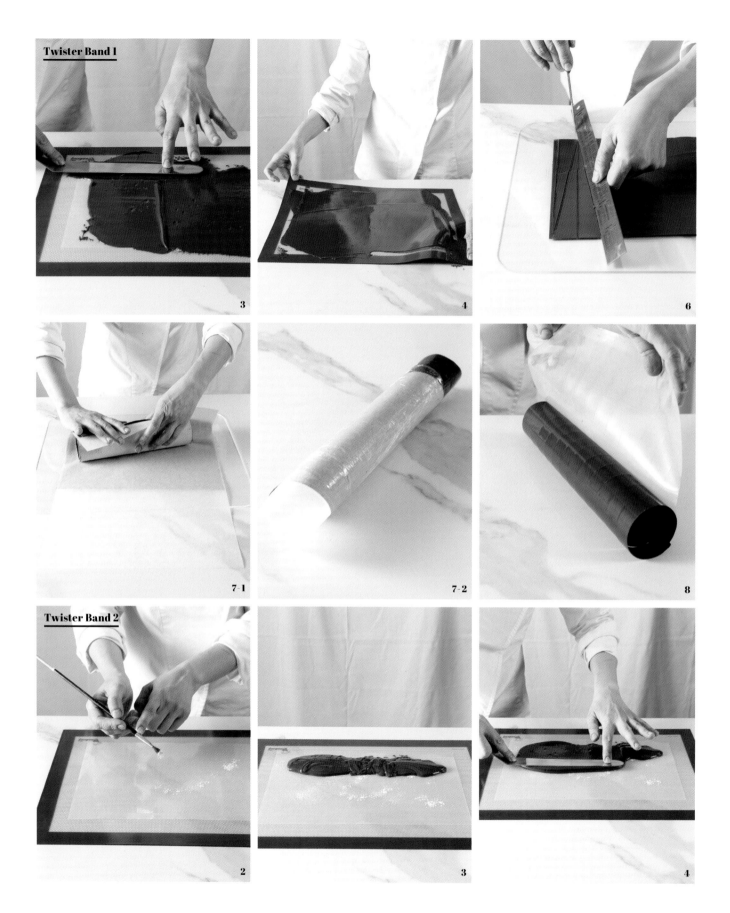

Twister Band 1

3

4

6

7-1

7-2

8

Twister Band 2

2

3

4

Twister Band 1

재료
템퍼링한 초콜릿
은색 데코파우더
-
도구
실리콘매트
다용도 비닐
플라스틱 스크레이퍼
실리콘 주걱
스패튤러
플라스틱 판
자
과도
유산지
막대 봉
테이프
랩
커터 칼
미술용 붓

1 실리콘매트에 다용도 비닐을 놓고 플라스틱 스크레이퍼로 밀착시킨다.
2 템퍼링한 초콜릿을 비닐 한쪽에 세로로 길게 붓는다.
3 스패튤러를 사용해 초콜릿이 1.5㎜ 두께가 되도록 평평하게 펴 바른다.
4 실리콘매트의 대각선 끝을 잡고 흔들어 초콜릿 표면을 정리한다.
5 테두리를 정리해 플라스틱 판에 옮기고 초콜릿이 손에 묻지 않을 정도로 살짝 굳힌다.
6 자와 과도를 사용해 아랫변이 2㎝인 이등변 삼각형으로 초콜릿을 자른다.
7 윗면에 유산지를 올리고 막대 봉에 사선으로 만 다음 테이프를 붙여 고정하고 랩을 돌돌 말아 둔다.
8 냉장고에서 30분 동안 완전히 굳힌 뒤 랩, 테이프, 유산지, 비닐을 제거하고 초콜릿을 정리한다.

Twister Band 2

1 실리콘매트에 다용도 비닐을 놓고 플라스틱 스크레이퍼로 밀착시킨다.
2 미술용 붓으로 은색 데코파우더를 곳곳에 뿌린다.
3 템퍼링한 초콜릿을 비닐 아래쪽에 가로로 길게 붓는다.
4 스패튤러를 사용해 초콜릿이 1.5㎜ 두께가 되도록 평평하게 펴 바른다.
5 실리콘매트의 대각선 끝을 잡고 흔들어 초콜릿 표면을 정리한다.
6 테두리를 정리해 플라스틱 판에 옮기고 초콜릿이 손에 묻지 않을 정도로 살짝 굳힌다.
7 자와 과도를 사용해 아랫변이 2㎝인 이등변 삼각형으로 초콜릿을 자른다.
8 윗면에 유산지를 올리고 막대 봉에 사선으로 만 다음 테이프를 붙여 고정하고 랩을 돌돌 말아 둔다.
9 냉장고에서 30분 동안 완전히 굳힌 뒤 랩, 테이프, 유산지, 비닐을 제거하고 초콜릿을 정리한다.

Variation
○ 프티 가토, 홀케이크 등의 옆면(90˚ 각도로 말기) 또는
  윗면 장식(45˚ 각도로 말기)
○ 초콜릿 공예

P
L
A
N
T

Leaf

나뭇잎

나뭇잎의 잎맥으로만 만들어진 것 같은 유니크한 모양의 장식으로 우아한
곡선미를 느낄 수 있습니다. 템퍼링한 다크초콜릿을 길게 짜 중심부를 만들고
페뉴로 초콜릿의 양옆을 펼치듯이 긁어 모양을 잡은 다음 굴곡을 주어 굳힙니다.
페뉴로 나뭇잎의 자연스러운 곡선 형태를 잡을 때 긴 잎의 형태를 머릿속으로
연상하면서 작업하면 더욱 멋진 장식을 만들 수 있을 것입니다.

소요시간	냉장고에서 굳히는 시간	난이도
2h	30min 이상	★★☆

2

3

4-1

4-2

5

Leaf

재료

템퍼링한 초콜릿

-

도구

대리석 작업대

다용도 비닐

플라스틱 스크레이퍼

실리콘 주걱

짤주머니

페뉴

집게

1 대리석 작업대에 다용도 비닐을 놓고 플라스틱 스크레이퍼로 밀착시킨다.

2 짤주머니에 템퍼링한 초콜릿을 넣고 1에 사선으로 길게 짠다.

3 페뉴를 사용해 초콜릿을 지그시 누르면서 부채꼴 모양으로 펼친다.
   tip 페뉴의 각도를 세워 긋되 세게 누르지 않도록 주의한다. 너무 얇게 만들면 쉽게
   부서지므로 살짝 도톰하게 만든다.

4 가장자리 초콜릿을 페뉴로 정리해 나뭇잎 모양으로 만든다.

5 초콜릿이 손에 묻어나지 않을 정도로 살짝 굳으면 비닐을 말아 집게로
   고정한다.

6 냉장고에서 최소 30분 이상 완전히 굳힌 다음 비닐에서 떼 초콜릿을 정리한다.

Variation

○ 각종 케이크의 윗면 장식

○ 플레이트 디저트 장식

○ 초콜릿 공예

Petal

꽃잎

여리여리한 무드의 꽃잎 모양 초콜릿 장식입니다. 초콜릿을 짜는 모양, 스패튤러로 누를 때의 세기, 곡선을 주는 정도에 따라 다양한 모양의 꽃잎을 완성할 수 있습니다. 가늘고 긴 꽃잎을 만들고 싶다면, 템퍼링한 초콜릿을 긴 올챙이 모양으로 짠 다음 옆으로 넓어지지 않도록 주의하며 눌러 주세요. 평평하고 넓게 만든 꽃잎 장식은 케이크의 옆면이나 윗면에 꽂아 사용하기 좋습니다. 이 밖에도 꽃잎을 이어 붙여 쇼 피스로 응용할 수도 있습니다.

소요시간	냉장고에서 굳히는 시간	난이도
2h	30min 이상	★★☆

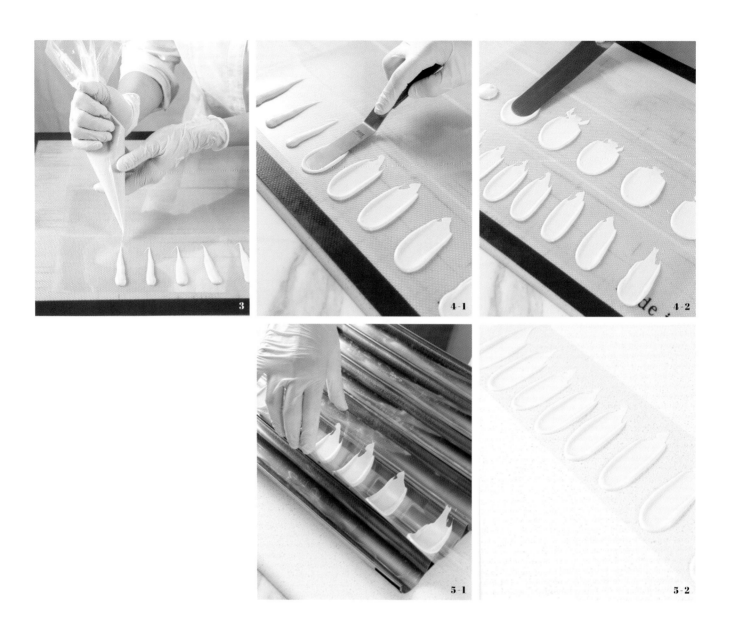

Petal

재료	**1** 다용도 비닐을 10㎝ 폭의 밴드 모양으로 자른다.
템퍼링한 화이트초콜릿	**2** 실리콘매트에 자른 비닐을 올리고 플라스틱 스크레이퍼로 밀착시킨다.
-	**3** 짤주머니에 템퍼링한 화이트초콜릿을 넣고 2에 3㎝ 길이의 올챙이 모양을 나란히 짠다.
도구	**4** 스패튤러로 초콜릿을 위에서부터 아래로 누르면서 내려 모양을 잡는다.
다용도 비닐	**tip** 스패튤러 누르는 힘을 조절해 초콜릿을 원하는 길이와 폭으로 만든다.
가위	**5** 스테인리스 튀일팬에 올려 냉장고에서 30분 이상 완전히 굳힌 뒤 비닐에서 떼어 낸다.
실리콘매트	
플라스틱 스크레이퍼	
실리콘 주걱	
짤주머니	
스패튤러	
스테인리스 튀일팬	

Variation

○ 각종 케이크의 윗면 또는 옆면 장식
○ 꽃을 테마로 한 초콜릿 공예

Sharp Leaf

뾰족한 잎

날카로운 화살촉을 연상시키는 뾰족한 모양의 잎 장식입니다. 아크릴 판에 템퍼링한 초콜릿을 짜고 흐름성이 있을 때 아크릴 판을 기울여 초콜릿이 아래로 길게 흐르도록 해 굳힙니다. 이 작업에서는 초콜릿의 상태와 작업 속도를 맞추는 것이 관건입니다. 충분히 흐르기 전에 초콜릿이 굳어 버리면 장식의 전체적인 길이가 짧아지고 끝부분도 뭉툭해져 완성도가 떨어집니다. 초콜릿이 완전히 굳기 전, 스테인리스 튀일팬에 올려 굴곡을 주어도 좋습니다. 완성한 장식 표면에 데코파우더 등을 바르면 한층 고급스러운 분위기를 낼 수 있습니다.

소요시간
2h

냉장고에서 굳히는 시간
30min 이상

난이도
★★☆

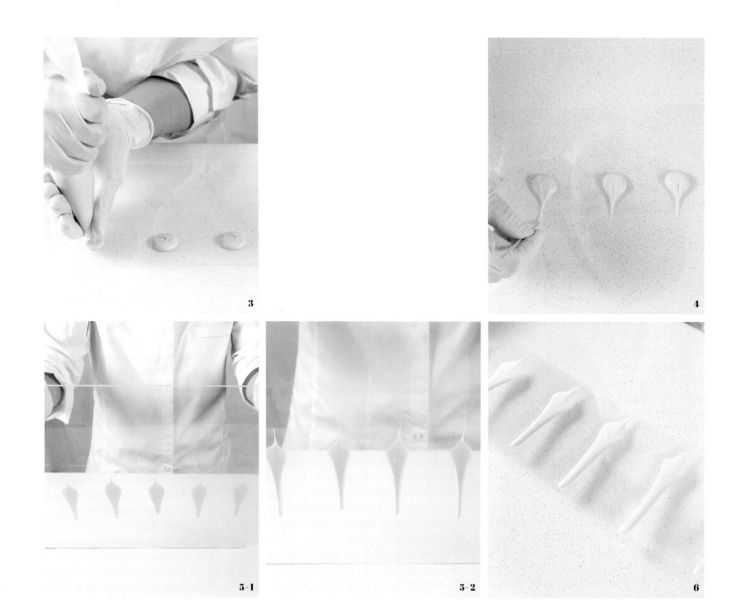

Sharp Leaf

재료
알코올(크린콜)
템퍼링한 화이트초콜릿
-
도구
다용도 비닐
가위
아크릴 판
분무기
플라스틱 스크레이퍼
실리콘 주걱
짤주머니
대꼬챙이

1 다용도 비닐을 12㎝ 폭의 밴드 모양으로 자른다.
2 아크릴 판에 알코올을 분사한 다음 자른 비닐을 올리고 플라스틱 스크레이퍼로
   밀착시킨다.
   tip 알코올이 없을 경우 물을 분사해도 무방하다.
3 짤주머니에 템퍼링한 화이트초콜릿을 넣고 2에 지름 1㎝ 크기의 원형을 나란히
   짠다.
4 아크릴 판을 톡톡 두드려 초콜릿의 표면을 정리하고 대꼬챙이를 초콜릿
   윗부분에 댔다가 위로 당겨 뾰족한 모양을 만든다.
5 아크릴 판을 바닥에 세우고 2~3회 두드려 초콜릿이 아래로 흐르게 한다.
6 냉장고에서 30분 이상 완전히 굳히고 비닐에서 뗀다.

Variation

○ 각종 케이크의 윗면 또는 옆면 장식
○ 꽃을 테마로 한 초콜릿 공예

Old Tree

고목

거칠고 터프한 텍스처의 고목 장식은 하나의 예술 작품을 보는 듯한 느낌을 선사합니다. 고목을 만들 때는 사전에 고목 사진 등을 참고해 고목 표면의 텍스처를 잘 살펴보고 이를 재현하는 것이 좋습니다. 카카오 버터에 코코아파우더를 섞은 반죽을 짤 때는 반듯이 짜는 것보다 벌어지거나 휘어진 것처럼 짜야 훨씬 자연스럽습니다. 한편, 초콜릿 반죽의 강도는 일반 초콜릿보다 약하므로 이 반죽으로 무게를 지탱하는 기둥 등의 장식을 만드는 것은 적합하지 않으니 참고하세요.

소요시간
2h 30min

냉장고에서 굳히는 시간
1h 30min

난이도
★★⯪

Old Tree

재료
카카오버터 75g
코코아파우더A 125g
템퍼링한 다크초콜릿
코코아파우더B

-
도구
볼
실리콘 주걱
대리석 작업대
다용도 비닐
플라스틱 스크레이퍼
원형 깍지
짤주머니
플라베니아
열풍기
빵용 붓
체
붓

1 볼에 카카오버터를 넣고 녹여 40℃로 온도를 맞춘다.

2 코코아파우더A를 넣고 섞은 다음 짤 수 있는 상태가 될 때까지 굳힌다.

3 대리석 작업대에 다용도 비닐을 놓고 플라스틱 스크레이퍼로 밀착시킨다.

4 지름 1㎝ 크기의 원형 깍지를 낀 짤주머니에 2를 넣고 3에 불규칙한 선 모양을
이어 짠 뒤 윗부분에 다시 불규칙하게 짜 울퉁불퉁한 모양을 만든다.

5 직사각형으로 자른 플라베니아(플라스틱 골판지)에 4를 올리고 자연스럽게
굴곡을 만든다.
tip 플라베니아에 열풍기를 쐬고 구부려 곡선을 잡는다.

6 냉장고에서 1시간 동안 굳힌 다음 템퍼링한 다크초콜릿을 빵용 붓에 묻혀 나무
껍질 모양이 나도록 반복해서 바른다.

7 코코아파우더B를 체 쳐 뿌리고 냉장고에서 30분 동안 완전히 굳힌다.

8 비닐에서 뗀 후 코코아파우더를 붓으로 털어 정리한다.

Variation

○ 꽃 모양 초콜릿 공예 주변 장식

○ 초콜릿이 주재료인 홀케이크의 윗면 장식
(ex.데블스케이크)

Grain Wood

나뭇결

나뭇결의 무늬가 자연스럽게 입혀진 장식입니다. 이 장식을 만들 때는 쇠솔로 초콜릿의 표면을 긁어 질감을 표현하는 것이 포인트입니다. 초콜릿의 두께가 너무 얇으면 쇠솔로 긁을 때 부서질 수 있으니 5㎜ 이상 도톰하게 만드는 것이 좋습니다. 또한 장식을 맨손으로 잡고 작업하다 보면 손의 열기로 인해 초콜릿이 점점 녹을 수 있습니다. 따라서 키친타월이나 행주로 초콜릿을 감싸 작업하도록 합니다. 굴곡을 주어 굳히면 한결 멋스러운 장식이 완성됩니다.

소요시간	굳히는 시간(실온)	난이도
1h 30min	1h	★★☆

2

3-1

3-2

5

Grain Wood

재료
템퍼링한 초콜릿
코코아파우더
-
도구
대리석 작업대
다용도 비닐
플라스틱 스크레이퍼
실리콘 주걱
빵용 붓
쇠솔
커터 칼
체

1 대리석 작업대에 다용도 비닐을 놓고 플라스틱 스크레이퍼로 밀착시킨다.

2 템퍼링한 초콜릿을 폭 3cm, 길이 12cm로 길게 붓고 빵용 붓으로 여러 번 펴 바르면서 5mm 두께가 되도록 한다.

3 실온에서 1시간 정도 두어 초콜릿을 굳힌 다음 비닐에서 떼 표면을 쇠솔로 여러 번 긁는다.
   tip 빵용 붓으로 초콜릿 가루를 털어가며 계속 긁어 나뭇결을 낸다.

4 커터 칼을 사용해 가장자리를 매끄럽게 다듬는다.

5 윗면에 코코아파우더를 체 쳐 뿌리고 빵용 붓으로 털어 낸다.
   tip 남은 나뭇결 장식은 밀폐 용기에 넣고 온도 18℃, 습도 60% 초콜릿 전용 냉장고 또는 냉암소에서 보관한다.

Variation
○ 자연을 테마로 한 초콜릿 공예
○ 조각으로 잘라 각종 케이크와 구움과자의 윗면 장식

5.

Freeze & Tools Technique

Rice Straw

볏짚

가늘고 곧은 볏짚 장식은 어디에 올려도 잘 어울리고 섬세한 느낌을 주기 때문에 두루 활용하기 좋은 장식 중 하나입니다. 만드는 방법도 간단해 한꺼번에 대량으로 제작해 밀폐 용기에 보관했다가 필요할 때마다 꺼내 사용하면 좋습니다. 두께가 두꺼우면 둔탁한 느낌이 나므로 초콜릿을 담은 짤주머니의 입구를 아주 작게 잘라 1㎜ 두께의 얇은 직선으로 짜 주는 것이 중요합니다. 원하는 크기로 잘라 단독으로 쓰거나 여러 개를 합쳐 장식해도 좋습니다.

소요시간	냉장고에서 굳히는 시간	난이도
13h	30min	★ ★ ★

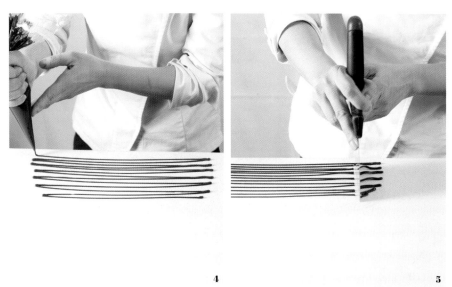

4

5

6-1

6-2

Rice Straw

재료

템퍼링한 초콜릿

－

도구

대리석 판

행주

적외선 온도계

실리콘 주걱

짤주머니

가위

초콜릿용 스크레이퍼

철판

유산지

1 30×40×2㎝ 크기의 대리석 판을 깨끗이 세척해 물기를 제거한 다음 작업하기 하루 전 －18℃ 냉동고에서 보관해 차갑게 만든다.

2 작업대에 젖은 행주를 놓고 대리석 판을 올린다.

tip 젖은 행주를 대리석 판 아래 깔고 작업하면 대리석 판이 고정돼 작업하는 동안 판이 움직이지 않는다.

3 적외선 온도계로 대리석 판 표면의 온도를 재 －5℃가 될 때까지 기다린다.

4 짤주머니에 템퍼링한 초콜릿을 넣고 대리석 판에 가로로 길게 여러 줄 짠다.

tip 짤주머니의 입구를 지름 1㎜ 크기의 원형으로 아주 작게 자른다.

5 초콜릿용 스크레이퍼로 초콜릿의 양끝을 깔끔하게 자른다.

6 초콜릿이 완전히 굳기 전 초콜릿용 스크레이퍼를 이용해 초콜릿을 모은 뒤 유산지를 깐 철판에 옮긴다.

tip 대리석 판의 온도를 적외선 온도계로 측정했을 때 5℃까지는 작업이 가능하다. 이 이상의 온도가 되면 초콜릿의 텍스처가 흐물흐물해지고 녹기 시작하므로 주의한다.

7 냉장고에서 30분 동안 완전히 굳힌다.

tip 사용하고 남은 볏짚 장식은 밀폐 용기에 넣어 온도 18℃, 습도 60%의 초콜릿 전용 냉장고에서 보관한다.

Variation

○ 프티 가토, 앙트르메 등의 윗면 장식

○ 플레이트 디저트 장식

○ 초콜릿 공예

Nest

둥지

앞서 만든 볏짚을 굳기 전 동그랗게 말아 둥지 모양으로 변형한 장식입니다. 둥지의 모양을 동그랗고 예쁘게 만들기 위해서는 초콜릿 작업이 이루어지는 대리석 판의 온도가 −5~5℃ 사이로 유지되어야 합니다. 또한 초콜릿을 짤 때 끊어지지 않는 것이 좋으며, 둥지의 모양을 잡을 때는 초콜릿을 초콜릿용 스크레이퍼로 모아 한쪽을 당기듯이 잡은 다음 말면 찌그러지지 않고 반듯한 모양으로 완성할 수 있습니다. 이 방법이 다소 어렵다면 만들고자 하는 크기의 원형 틀 가장자리에 초콜릿을 감아 모양을 잡고 굳히면 됩니다.

소요시간	냉장고에서 굳히는 시간	난이도
13h	30min	★★☆

Nest

재료		
템퍼링한 화이트초콜릿	**1**	30×40×2㎝ 크기의 대리석 판을 깨끗이 세척해 물기를 제거한 다음 작업하기 하루 전 –18℃ 냉동고에서 보관해 차갑게 만든다.
-	**2**	작업대에 젖은 행주를 놓고 대리석 판을 올린다.

재료
템퍼링한 화이트초콜릿
-

도구
대리석 판
행주
적외선 온도계
실리콘 주걱
짤주머니
가위
초콜릿용 스크레이퍼
원형 커터
철판
유산지

1 30×40×2㎝ 크기의 대리석 판을 깨끗이 세척해 물기를 제거한 다음 작업하기 하루 전 –18℃ 냉동고에서 보관해 차갑게 만든다.

2 작업대에 젖은 행주를 놓고 대리석 판을 올린다.

tip 젖은 행주를 대리석 판 아래 깔고 작업하면 대리석 판이 고정돼 작업하는 동안 판이 움직이지 않는다.

3 적외선 온도계로 대리석 판 표면의 온도를 재 –5℃가 될 때까지 기다린다.

tip 대리석 판의 온도가 5℃가 될 때까지는 작업이 가능하다.

4 짤주머니에 템퍼링한 화이트초콜릿을 넣고 대리석 판에 가로로 길게 여러 줄 짠다.

tip 짤주머니에 입구를 지름 1㎜ 크기의 원형으로 아주 작게 자른다.

5 초콜릿용 스크레이퍼로 초콜릿의 양끝을 깔끔하게 자른다.

6 초콜릿이 완전히 굳기 전 초콜릿용 스크레이퍼를 이용해 초콜릿을 모은다.

7 지름 6㎝ 크기의 원형 커터 바깥쪽에 6의 초콜릿을 둘러 고정한다.

8 유산지를 깐 철판에 옮겨 냉장고에서 30분 동안 완전히 굳힌 뒤 원형 커터를 뺀다.

Variation

○ 각종 케이크의 가장자리 또는 윗면 장식

○ 부활절, 자연 테마의 초콜릿 공예

FREEZE

Triangular Pleat

삼각 주름

삼각 주름의 완성도를 높이기 위해서는 초콜릿을 긴 삼각형으로 깔끔하게 재단하고, 손으로 잡은 주름의 모양이 부드럽고 자연스러워야 합니다. 이를 위해서는 냉동고에서 차갑게 보관한 대리석 판의 온도를 주기적으로 체크해 온도의 변화에 따른 초콜릿의 변화를 파악하고 이에 따라 작업 속도를 조절할 수 있어야 합니다. 차가운 대리석 판에 닿은 초콜릿은 순간적으로는 굳지만 완전히 결정화되지 않은 상태여서 그리 딱딱하지는 않습니다. 이러한 점을 이용해 녹지도 굳지도 않은 초콜릿을 유연하게 구부려 원하는 모양의 주름을 표현할 수 있는 것이지요. 주름 라인에 연속성이 있으면 선이 시원하게 뻗어 나가는 것과 같은 느낌을 주므로 위의 꼭짓점 부분을 젖히고 아래의 뾰족한 부분은 가운데로 길게 하여 형태를 잡습니다.

소요시간
13h

냉장고에서 굳히는 시간
30min

난이도
★★☆

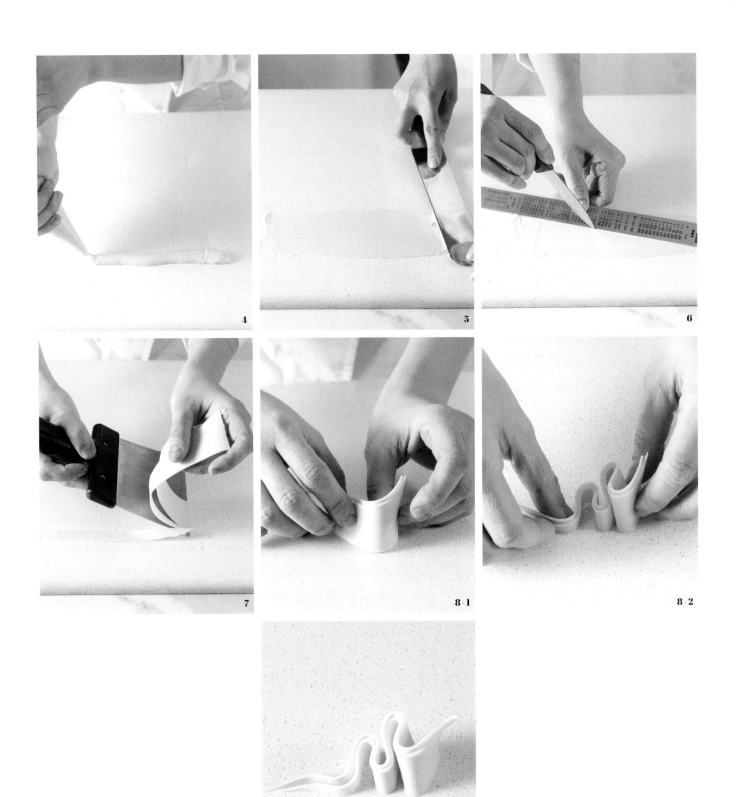

Triangular Pleat

재료

템퍼링한 화이트초콜릿

-

도구

대리석 판

행주

적외선 온도계

실리콘 주걱

짤주머니

가위

스패튤러

과도

자

초콜릿용 스크레이퍼

철판

유산지

1 30×40×2㎝ 크기의 대리석 판을 깨끗이 세척해 물기를 제거한 다음 작업하기 하루 전 −18℃ 냉동고에서 보관해 차갑게 만든다.

2 작업대에 젖은 행주를 놓고 대리석 판을 올린다.

3 적외선 온도계로 대리석 판 표면의 온도를 재 −5℃가 될 때까지 기다린다.

    tip 대리석 판의 온도가 5℃가 될 때까지는 작업이 가능하다.

4 짤주머니에 템퍼링한 화이트초콜릿을 넣고 대리석 판에 가로로 길게 짠다.

5 스패튤러를 사용해 초콜릿이 굳기 시작할 때까지 2㎜ 두께로 평평하게 펴 바른다.

6 초콜릿이 손에 묻어나지 않을 정도로 굳으면 과도와 자를 사용해 삼각형으로 자른다.

    tip 프티 가토에 사용할 경우 10×3㎝, 앙트르메에 사용할 경우 15~25×5㎝ 크기의 삼각형으로 자르는 것이 알맞다.

7 대리석 판과 초콜릿 사이에 초콜릿용 스크레이퍼를 넣고 밀어 초콜릿을 뗀다.

8 7을 2장씩 겹쳐 옆으로 세우고 주름을 잡는다.

9 대리석 판에 5분간 둔 뒤 유산지를 깐 철판에 옮겨 냉장고에서 30분 동안 완전히 굳힌다.

Variation

○ 프티 가토, 타르트, 앙트르메의 윗면 장식

Wrapping
Cloth

보자기

대리석 판에서 작업한 초콜릿 표면은 매트하면서 벨벳과 같은 느낌을 줘 한층 우아한 분위기를 자아냅니다. 작업은 대리석 판의 온도가 −5~5℃ 사이일 때 이루어져야 합니다. 특히 0℃ 부근에서는 초콜릿을 평탄 작업한 자국이 남지 않고 깔끔하게 마무리됩니다. 보자기 장식의 두께는 2㎜ 내외로 만드는 것이 좋습니다. 이보다 얇으면 주름 모양을 잡다가 쉽게 부서질 수 있고 이보다 두꺼우면 둔해 보여 미관상 좋지 않습니다. 보자기 장식으로 케이크를 감쌀 경우, 케이크의 온도와 초콜릿의 온도가 10℃ 이상 차이 나지 않도록 사전에 케이크를 냉장 온도로 준비해야 합니다.

소요시간
13h

냉장고에서 굳히는 시간
30min

난이도
★★☆

Wrapping Cloth

재료
템퍼링한 화이트초콜릿 500g
-
도구
대리석 판
행주
적외선 온도계
실리콘 주걱
짤주머니
스패튤러
폼보드
과도
초콜릿용 스크레이퍼
철판
유산지

1 30×40×2㎝ 크기의 대리석 판을 깨끗이 세척해 물기를 제거한 다음 작업하기
   하루 전 −18℃ 냉동고에서 보관해 차갑게 만든다.

2 작업대에 젖은 행주를 놓고 대리석 판을 올린다.

3 적외선 온도계로 대리석 판 표면의 온도를 재 −5℃가 될 때까지 기다린다.
   tip 대리석 판의 온도가 5℃가 될 때까지는 작업이 가능하다.

4 짤주머니에 템퍼링한 화이트초콜릿을 넣고 대리석 판에 가로로 여러 번 길게
   짠다.

5 스패튤러를 사용해 초콜릿이 굳기 시작할 때까지 2㎜ 두께로 평평하게 펴
   바른다.

6 초콜릿이 손에 묻어나지 않을 정도로 굳으면 20×9㎝ 크기의 직사각형으로
   자른 폼보드를 대고 과도를 사용해 자른다.

7 대리석 판과 초콜릿 사이에 초콜릿용 스크레이퍼를 넣고 밀어 초콜릿을 뗀다.

8 지름 6㎝, 높이 5㎝ 크기의 원형 무스케이크의 겉면에 둘러 감싼다.

9 초콜릿 윗부분을 엄지와 검지로 눌러 주름을 잡는다.

10 대리석 판에 5분 동안 둔 뒤 유산지를 깐 철판에 옮겨 냉장고에서 30분 동안
    초콜릿을 완전히 굳힌다.
    tip 사용하고 남은 보자기는 밀폐 용기에 넣어 온도 18℃, 습도 60%의 초콜릿 전용
    냉장고에서 보관한다.

Variation   ○ 프티 가토를 감싸는 장식

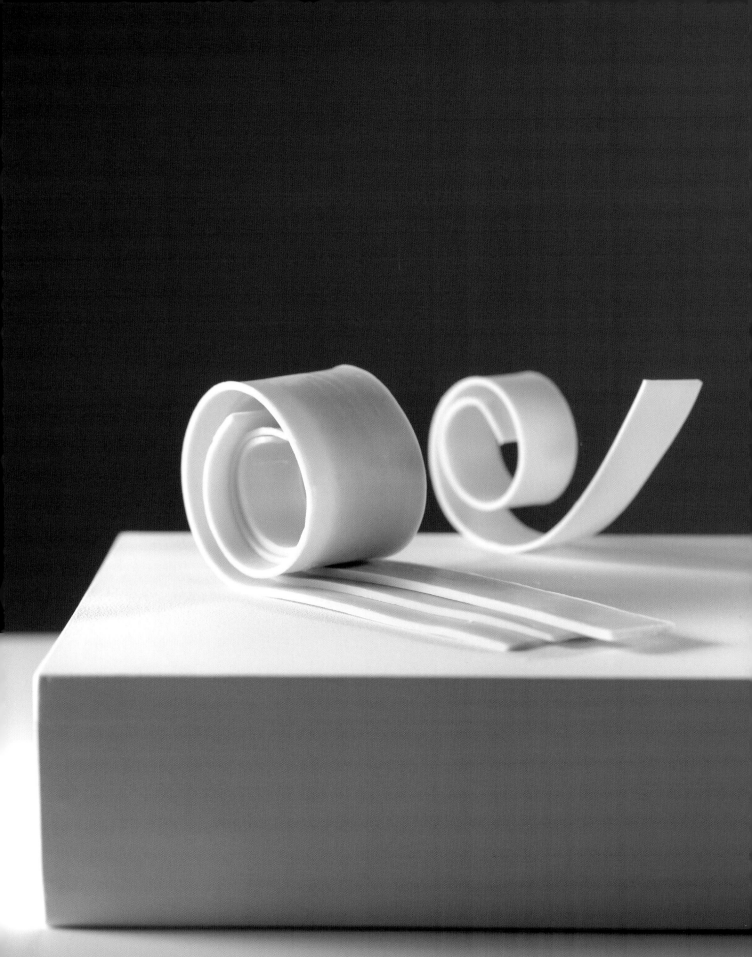

Roll

롤

'롤'은 얇고 길게 만든 밴드를 여러 개 겹쳐 입체적 형태로 완성한 장식입니다. 롤을 만들 때 초콜릿 작업이 이루어지는 대리석 판의 온도는 0~5℃ 사이로 너무 차갑지 않은 상태가 좋습니다. 대리석 판에서 평탄 작업한 초콜릿을 뗄 때는 대리석 판과 초콜릿 사이에 초콜릿용 스크레이퍼를 넣고 들어 올리듯 툭툭 밀면 잘 떨어집니다. 초콜릿의 볼륨은 초콜릿을 말 때 롤의 중심이 되는 부분의 크기로 조절할 수 있습니다. 초콜릿을 말 때는 끝까지 말지 말고 끝부분을 일자로 펼친 뒤 살짝 올려 굳히면 마치 카펫이 펼쳐진 듯한 느낌을 줄 수 있습니다.

소요시간	냉장고에서 굳히는 시간	난이도
13h	30min	★★☆

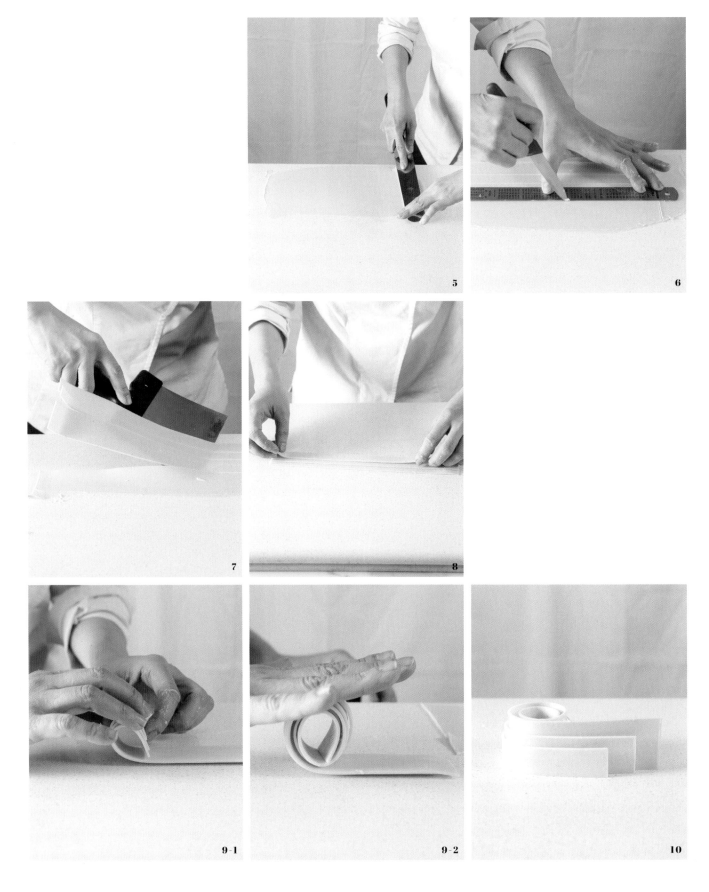

Roll

재료

템퍼링한 화이트초콜릿 500g

-

도구

대리석 판
행주
적외선 온도계
실리콘 주걱
스패튤러
자
과도
초콜릿용 스크레이퍼
철판
유산지

1 30×40×2㎝ 크기의 대리석 판을 깨끗이 세척해 물기를 제거한 다음 작업하기 하루 전 −18℃ 냉동고에서 보관해 차갑게 만든다.

2 작업대에 젖은 행주를 놓고 대리석 판을 올린다.

3 적외선 온도계로 대리석 판 표면의 온도를 재 −5℃가 될 때까지 기다린다.
tip 대리석 판의 온도가 5℃가 될 때까지 작업할 수 있다.

4 템퍼링한 화이트초콜릿을 대리석 판에 가로로 길게 붓는다.

5 스패튤러를 사용해 초콜릿이 굳기 시작할 때까지 2㎜ 두께로 평평하게 펴 바른다.

6 초콜릿이 손에 묻어나지 않을 정도로 굳으면 자와 과도를 사용해 20×5㎝, 20×4㎝, 20×3㎝ 크기의 직사각형으로 자른다.

7 대리석 판과 초콜릿 사이에 초콜릿용 스크레이퍼를 넣고 밀어 초콜릿을 뗀다.

8 초콜릿을 크기별로 차례대로 겹친다.

9 동그랗게 돌돌 말고 대리석 판에 5분 동안 둔다.

10 유산지를 간 철판에 옮겨 냉장고에서 30분 동안 초콜릿을 완전히 굳힌다.

Variation ○ 앙트르메, 타르트 등의 윗면 장식

Tree-Shaped Band

트리 밴드

구불구불한 곡선이 매력적인 크리스마스트리 모양 밴드입니다. 초콜릿 밴드를 겹쳐 구부릴 때 처음과 끝부분은 구부리지 않고 일직선 상태로 둔 다음 이 부분이 가운데 오게 모양을 잡으면 트리의 기둥을 표현할 수 있습니다. 형태를 잡아 굳힌 트리 밴드의 표면에 색소 또는 초콜릿 피스톨레 등을 분사해 주면 더욱 입체적인 느낌을 낼 수 있습니다. 이 밖에도 초콜릿으로 다양한 크리스마스 심볼 장식을 만들어 밴드에 붙이면 근사한 성탄절 테마의 쇼 피스를 완성할 수 있답니다.

소요시간	냉장고에서 굳히는 시간	난이도
14h	1h	★★★

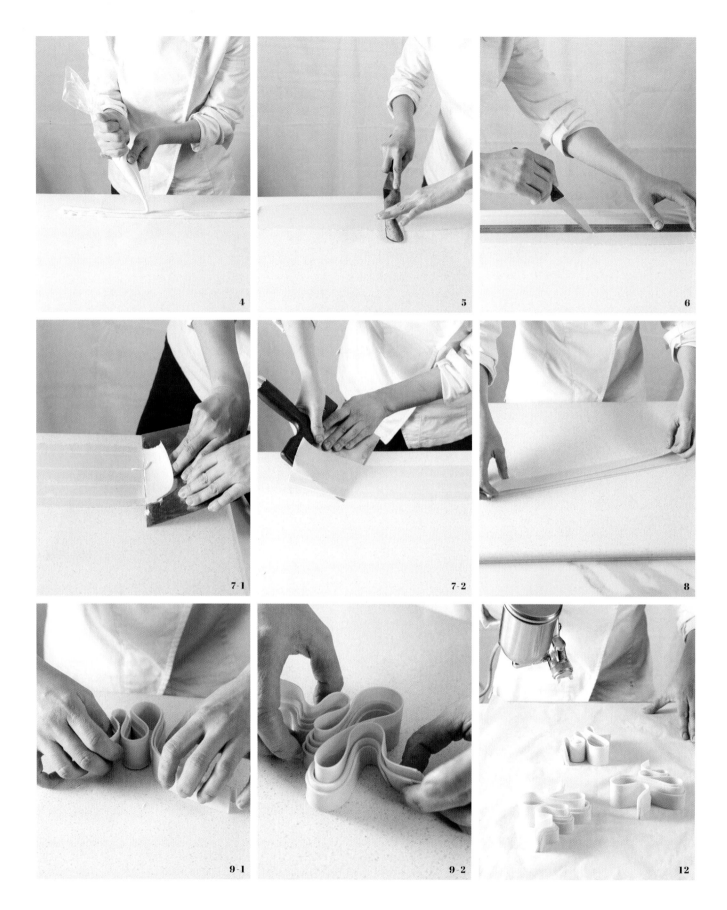

Tree-Shaped Band

재료

템퍼링한 화이트초콜릿 500g
화이트초콜릿 200g
카카오 버터 200g
-
도구
대리석 판
행주
적외선 온도계
짤주머니
실리콘 주걱
스패튤러
자
과도
초콜릿용 스크레이퍼
철판
유산지
볼
체
에어브러시 건
컴프레서(125Watt)

1 30×40×2㎝ 크기의 대리석 판을 깨끗이 세척해 물기를 제거한 다음 작업하기 하루 전 −18℃ 냉동고에서 보관해 차갑게 만든다.

2 작업대에 젖은 행주를 놓고 대리석 판을 올린다.

3 적외선 온도계로 대리석 판 표면의 온도를 재 −5℃가 될 때까지 기다린다.

4 짤주머니에 템퍼링한 화이트초콜릿을 넣고 대리석 판에 가로로 길게 여러 번 짠다.

5 스패튤러를 사용해 초콜릿이 굳기 시작할 때까지 2㎜ 두께로 평평하게 펴 바른다.

6 초콜릿이 손에 묻어나지 않을 정도로 굳으면 자와 과도를 사용해 28×2㎝, 28×2.5㎝, 28×3㎝ 크기의 직사각형으로 자른다.

7 대리석 판과 초콜릿 사이에 초콜릿용 스크레이퍼를 넣고 밀어 가장자리의 초콜릿을 정리하고 초콜릿을 뗀다.

8 초콜릿을 크기별로 차례대로 겹쳐 세운다.

9 초콜릿이 트리 모양이 되도록 휘어 모양을 잡는다.

10 대리석 판에 5분 동안 둔 뒤 유산지를 깐 철판에 옮겨 냉장고에서 1시간 동안 초콜릿을 완전히 굳힌다.

11 볼에 화이트초콜릿, 카카오 버터를 넣고 녹여 섞은 다음 고운 체에 거른다.

12 노즐의 크기가 0.5㎜인 에어브러시 건에 38℃로 온도를 맞춘 11을 넣고 초콜릿 표면에 분사해 입체감을 준다.

Variation

○ 크리스마스 시즌 케이크의 윗면 장식
○ 크리스마스 테마의 초콜릿 공예

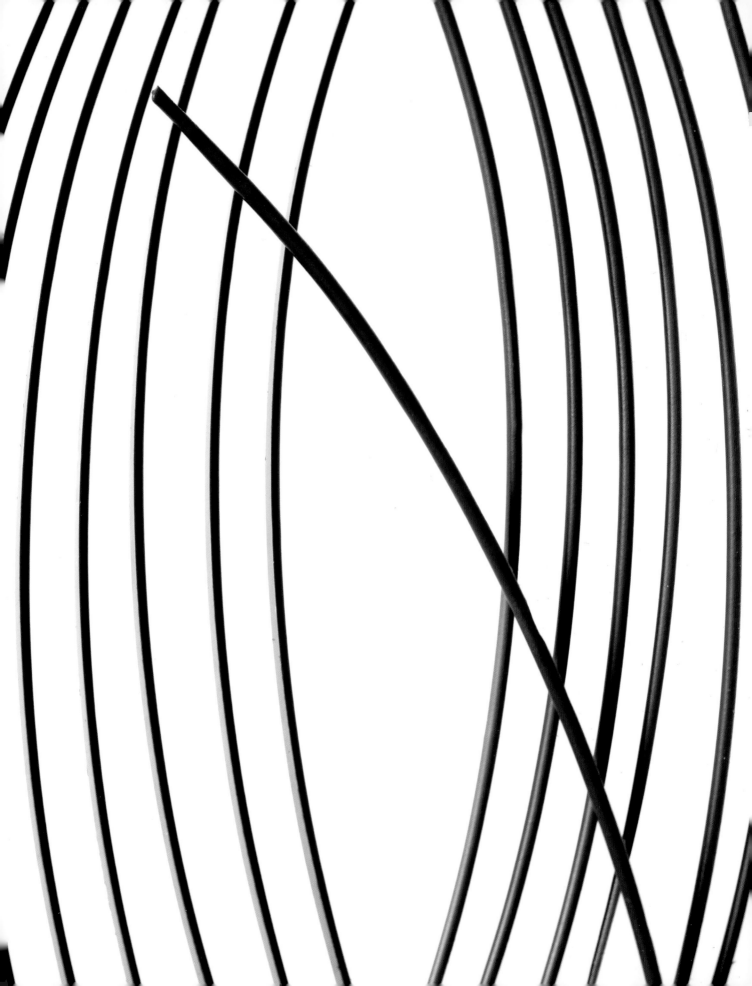

Line

선

프랑스어로 머리빗을 뜻하는 페뉴(peigne)는 빗처럼 생긴 긁개 모양의 도구입니다. 이를 사용하면 균일한 크기의 선 모양 장식을 손쉽게 만들 수 있습니다. 선 장식은 선이 살짝이라도 꺾이면 완성도가 급격하게 떨어집니다. 따라서 페뉴로 초콜릿에 선을 긋는 도중에 수정하려 하지 말고 한 번에 긁어내려야 합니다. 팔꿈치가 자유롭게 움직일 수 있도록 작업대에서 한 뼘 정도 간격을 두고 페뉴 작업을 하는 것도 좋은 방법입니다. 본격적인 작업 전, 초콜릿이 없는 상태에서 작업대에 페뉴로 선 긋는 연습을 해보는 것도 좋습니다.

소요시간	냉장고에서 굳히는 시간	난이도
1h 40min	30min	★★☆

2

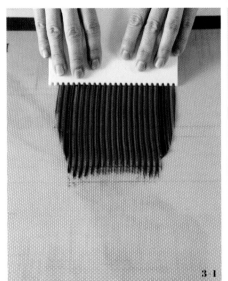

3-1

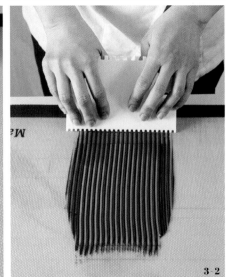

3-2

4

6

Line

재료

템퍼링한 초콜릿

-

도구

실리콘매트

다용도 비닐

플라스틱 스크레이퍼

실리콘 주걱

짤주머니

페뉴

철판

유산지

1 실리콘매트에 폭 10㎝ 크기의 직사각형으로 자른 다용도 비닐을 놓고 플라스틱
스크레이퍼로 밀착시킨다.

2 짤주머니에 템퍼링한 초콜릿을 넣고 비닐의 윗부분 1/3 지점까지 짠다.

3 페뉴를 사용해 초콜릿을 위에서부터 아래로 지그시 누르면서 긁는다.

4 비닐의 테두리에 묻은 초콜릿을 정리한 뒤 철판에 옮기고 유산지를 덮는다.

5 냉장고에서 30분 동안 완전히 굳힌다.

6 비닐에서 떼 초콜릿을 정리한다.

Variation

○ 직사각형 모양의 케이크 또는 구움과자의 윗면 장식

○ 링 형태의 구조를 관통하는 장식

○ 2개를 사선으로 붙여 도장 장식을 붙이고 과일이나 크림 위에 올려 장식

Spring

스프링

스프링은 가장 많이 쓰이는 장식 중 하나입니다. 템퍼링한 초콜릿을 페뉴를 사용해 통통한 직선으로 잘 긋고 2~3분 정도 두었다가 광택이 사라지면 이를 구부려 스프링 모양을 만들고 굳힙니다. 굳을 때 초콜릿이 수축하면서 자연스럽게 잘 휘어진 스프링을 만들 수 있습니다. 단, 페뉴로 초콜릿을 긁을 때 페뉴의 각도를 너무 눕히거나 누르면서 긁으면 초콜릿이 얇아져 수축 과정에서 초콜릿이 부러질 수 있으니 주의합니다.

소요시간	냉장고에서 굳히는 시간	난이도
1h 40min	30min	★★☆

Spring 1

재료

템퍼링한 초콜릿

-

도구

무스케이크용 비닐 띠지

가위

실리콘매트

플라스틱 스크레이퍼

실리콘 주걱

짤주머니

페뉴

대리석 작업대

철판

유산지

부슈 틀

1 5㎝ 폭의 무스케이크용 비닐 띠지를 12㎝ 길이로 자른다.
2 실리콘매트에 자른 띠지를 놓고 플라스틱 스크레이퍼로 밀착시킨다.
3 짤주머니에 템퍼링한 초콜릿을 넣고 비닐의 윗부분 1/3 지점까지 초콜릿을 짠다.
4 페뉴를 사용해 초콜릿을 위에서부터 아래로 지그시 누르면서 긁는다.
5 띠지의 테두리에 묻은 초콜릿을 정리한 다음 스프링 모양으로 만든다.
6 대리석 작업대에 올려 살짝 굳힌다.
7 유산지를 깐 철판에 올려 냉장고에서 30분 동안 완전히 굳힌다.
8 비닐에서 떼 초콜릿을 정리한다.

Spring 2

1 3㎝ 폭의 무스케이크용 비닐 띠지를 23㎝ 길이로 자른다.
2 실리콘매트에 1을 놓고 플라스틱 스크레이퍼로 밀착시킨다.
3 짤주머니에 템퍼링한 초콜릿을 넣고 띠지의 왼쪽 1/2 지점까지 짠다.
4 페뉴를 사용해 초콜릿을 왼쪽에서 오른쪽으로 지그시 누르면서 긁는다.
5 띠지의 테두리에 묻은 초콜릿을 정리해 대리석 작업대에 놓고 초콜릿이 묻어나지 않을 정도로 살짝 굳힌다.
6 사선으로 말아 스프링 모양을 만든 다음 38㎝ 길이의 부슈 틀에 넣는다.
7 냉장고에서 30분 동안 완전히 굳힌다.
8 비닐에서 떼 초콜릿을 정리한다.

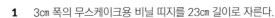

Variation

○ 각종 케이크 및 구움과자, 타르트의 윗면 장식
○ 플레이트 디저트 장식

Ribbon

리본

페뉴를 활용해 만드는 대표적인 장식물입니다. 페뉴로 초콜릿에 선을 반듯이 긋고 양끝을 모아 붙이면 리본 모양이 완성됩니다. 단, 양끝을 붙일 때는 초콜릿이 손에 묻지 않을 정도까지 초콜릿을 굳힌 상태에서 양끝을 서로 붙이면 늦습니다. 초콜릿의 반짝거림이 사라지기 시작하면 구부려 보고 이때 리본 모양이 잡히면 바로 붙여 주세요.

소요시간	냉장고에서 굳히는 시간	난이도
1h 50min	30min 이상	★★☆

Ribbon

재료

템퍼링한 초콜릿

-

도구

실리콘매트

다용도 비닐

플라스틱 스크레이퍼

실리콘 주걱

짤주머니

페뉴

초콜릿용 스크레이퍼

1 실리콘매트에 12×7㎝ 크기로 자른 다용도 비닐을 놓고 플라스틱 스크레이퍼로 밀착시킨다.

2 짤주머니에 템퍼링한 초콜릿을 넣고 비닐의 윗부분 1/3 지점까지 초콜릿을 짠다.

3 페뉴를 사용해 초콜릿을 위에서부터 아래로 지그시 누르면서 긁는다.

4 비닐 양쪽 끝 1㎝ 부분에 있는 초콜릿을 초콜릿용 스크레이퍼로 긁어 제거한다.

5 초콜릿 표면의 광택이 사라지기 시작하면 비닐의 끝과 끝이 만나도록 접는다.

6 냉장고에서 30분 동안 완전히 굳힌 다음 비닐에서 떼 초콜릿을 정리한다.

7 6을 남은 템퍼링한 초콜릿으로 여러 개 이어 붙여 꽃 모양으로 조립한다.

Variation

○ 크리스마스 오너먼트의 고리 장식

○ 여러 개를 이어 붙여 앙트르메의 윗면 장식
  (리본의 빈 부분에 젤리 등을 채울 수 있음)

○ 프티 가토의 포인트 장식

○ 초콜릿 공예

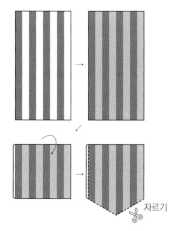

NOTE _ 폭이 넓은 리본 만들기

아래와 같은 방법으로 리본을 만들면 선이 아닌 면 형태의 리본을 만들 수 있다.

① 실리콘매트에 12×7㎝ 크기로 자른 다용도 비닐을 놓고 플라스틱 스크레이퍼로 밀착시킨다.

② 짤주머니에 카카오 함량이 낮은 템퍼링한 초콜릿을 넣고 비닐의 윗부분 1/3 지점까지 짠다.

③ 초콜릿을 페뉴를 사용해 위에서부터 아래로 지그시 누르면서 긁는다.

④ 초콜릿이 살짝 굳으면 선 사이에 다른 종류의 초콜릿을 붓고 스패튤러로 평평하게 펴 바른다.

⑤ 플라스틱 도마에 놓고 초콜릿을 살짝 굳힌 다음 2㎝ 간격으로 잘라 끝과 끝을 붙여 굳힌다.

⑥ 비닐을 떼고 끝부분을 달군 과도를 사용해 V자 모양으로 자른다.

⑦ 여러 개 이어 붙여 꽃 모양으로 조립한다.

자르기

 옆모양

Ribbon Ring

리본 고리

매끈하게 만든 리본을 통통하게 짠 원형 초콜릿에 붙여 크리스마스 오너먼트 윗부분 리본 고리를 표현합니다. 각 부분을 만드는 방법은 어렵지 않지만 원형으로 짠 초콜릿에 리본 장식을 꽂는 타이밍이 매우 중요합니다. 원형으로 짠 초콜릿의 표면을 칼끝으로 찔러서 초콜릿이 뾰족하게 따라 올라오면 그때 리본을 꽂아 넘어지지 않을 때까지 잡고 기다려 주세요. 이렇게 해야 예쁘고 튼튼하게 조립할 수 있습니다. 원형의 초콜릿을 손에 묻지 않을 정도로 굳힌 뒤 리본을 붙이면 잘 붙지 않을뿐더러 이음매도 일그러집니다.

소요시간	냉장고에서 굳히는 시간	굳히는 시간(실온)	난이도
1h	30min 이상	1h	★ ★ ★

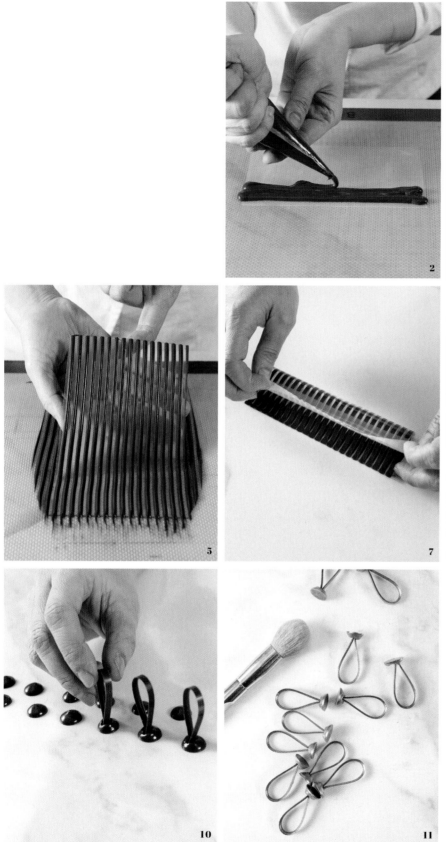

Ribbon Ring

재료

템퍼링한 초콜릿
금색 데코파우더

-

도구

실리콘매트
다용도 비닐
플라스틱 스크레이퍼
실리콘 주걱
짤주머니
페뉴
초콜릿용 스크레이퍼
대리석 작업대
메이크업용 블러셔 붓

1 실리콘매트에 12×7㎝ 크기로 자른 다용도 비닐을 놓고 플라스틱 스크레이퍼로 밀착시킨다.

2 짤주머니에 템퍼링한 초콜릿을 넣고 비닐의 윗부분 1/3 지점까지 초콜릿을 짠다.

3 페뉴를 사용해 초콜릿을 위에서부터 아래로 지그시 누르면서 긁는다.

4 비닐 양쪽 끝 1㎝ 부분에 있는 초콜릿을 초콜릿용 스크레이퍼로 긁어 제거한다.

5 초콜릿이 손에 묻어나지 않을 정도로 살짝 굳혀 실리콘매트에서 뗀다.

6 비닐의 끝과 끝을 접어 냉장고에서 30분 동안 완전히 굳힌다.

7 비닐을 제거하고 초콜릿을 정리한다.

8 대리석 작업대에 다용도 비닐을 놓고 플라스틱 스크레이퍼로 밀착시킨다.

9 짤주머니에 템퍼링한 초콜릿을 넣고 지름 1㎝ 크기의 원형을 나란히 짠다.

10 가운데에 7을 붙이고 실온에서 1시간 동안 완전히 굳힌다.

11 메이크업용 블러셔 붓으로 금색 데코파우더를 바른다.

Variation

○ 구 모양의 초콜릿 또는 봉봉의 윗면 장식
○ 프티 가토의 윗면에 장식

211

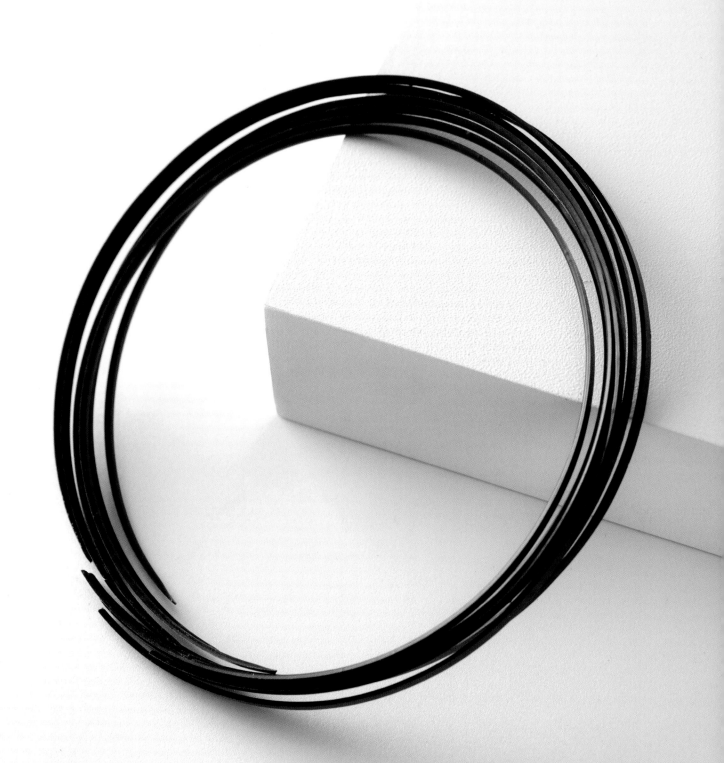

Ring

링

페뉴 작업한 초콜릿을 원형 무스케이크 틀에 둘러 굳혀 만드는 장식입니다. 링 장식의 완성도는 각각의 선이 얼마나 곧고 깔끔한가에 의해 결정됩니다. 페뉴 작업은 생각보다 섬세하고 작업장의 환경에 민감하게 영향을 받을 수 있으므로 초콜릿 작업 전 미리 작업장의 컨디션을 온도 22℃, 습도 65%로 만들어 주세요. 또한 작업을 할 때 페뉴를 작업대에 밀착시켜 과감하게 그어야 지저분하지 않고 섬세한 형태의 선을 만들 수 있습니다. 작은 크기의 링을 만들고 싶을 때는 페뉴 작업한 초콜릿을 손에 묻지 않을 정도로 굳혀 플라스틱 봉에 말고 이음매 부분이 바닥을 향하도록 해 굳히면 됩니다. 이때 원이 비뚤어지지 않도록 주의해 주세요.

소요시간	냉장고에서 굳히는 시간	난이도
2h	30min	★★☆

Ring 1

3

5

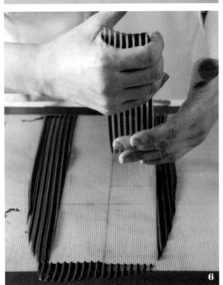

6

8-1

8-2

Ring 2

2

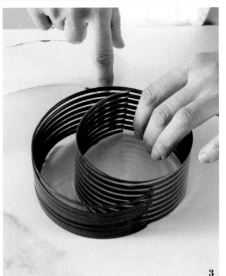

3

214

Ring 1

재료

템퍼링한 초콜릿

-

도구

무스케이크용 비닐 띠지
가위, 실리콘매트
플라스틱 스크레이퍼
실리콘 주걱
짤주머니
스패튤러, 페뉴
대리석 작업대
원형 무스케이크 틀
테이프, 커터 칼
원형 커터

1 폭 5㎝ 무스케이크용 비닐 띠지를 50㎝ 길이로 자른다.
2 실리콘매트에 자른 띠지를 놓고 플라스틱 스크레이퍼로 밀착시킨다.
3 짤주머니에 템퍼링한 초콜릿을 넣고 비닐의 왼쪽 1/2 지점까지 짠다.
4 스패튤러로 초콜릿을 평평하게 펴 바른다.
5 페뉴를 사용해 초콜릿을 왼쪽에서 오른쪽으로 지그시 누르면서 긁는다.
6 띠지의 테두리에 묻은 초콜릿을 정리해 대리석 작업대에 옮기고 초콜릿이 손에 묻어나지 않을 정도로 살짝 굳힌다.
7 원형 무스케이크 틀 바깥쪽에 6을 두르고 테이프를 붙여 고정한다.
8 냉장고에서 30분 동안 완전히 굳힌 다음 테이프, 비닐을 떼 초콜릿을 정리한다.

Ring 2

1 1~6번 과정은 위와 동일
2 원형 무스케이크 틀 안에 초콜릿 띠지를 넣고 중간에 원형 커터를 놓아 자연스럽게 모양을 잡는다.
3 냉장고에서 30분 동안 완전히 굳힌 다음 비닐에서 떼 초콜릿을 정리한다.

Variation

○ 큰 링: 케이크의 윗면 또는 옆면 장식
플레이트 디저트 장식
○ 작은 링: 프티 가토나 타르트의 윗면에 세워 장식
여러 개 이어 붙여 장식

White Ring

화이트 링

도톰한 두께로 만들어 볼륨감을 느낄 수 있는 링 장식입니다. 대리석 판에 템퍼링한 화이트초콜릿을 붓고 평탄 작업한 다음 페뉴로 긁어 줄무늬를 내고 초콜릿용 스크레이퍼로 밀면서 돌돌 말아 링 모양을 만듭니다. 온도에 매우 민감한 작업으로 대리석 판의 온도, 초콜릿의 굳은 정도, 초콜릿의 온도 이 3가지 요소가 잘 맞아야 합니다. 그렇지 않으면 스크레이퍼로 미는 도중 초콜릿이 끊어지거나 말리지 않습니다. 스크레이퍼로 밀 때는 대리석 판과 초콜릿 사이에 스크레이퍼를 넣고 들어 올리듯이 스크레이퍼 끝에 힘을 주고 밀어야 합니다. 살짝 굳은 초콜릿의 밑면에 초콜릿용 스크레이퍼를 넣고 탁탁 치듯이 밀었을 때 동그랗게 말리면 작업을 시작합니다.

소요시간	냉장고에서 굳히는 시간	난이도
13h	30min	★★☆

White Ring

재료
템퍼링한 화이트초콜릿
-
도구
대리석 판
행주
적외선 온도계
실리콘 주걱
짤주머니
스패튤러
페뉴
초콜릿용 스크레이퍼
철판
유산지

1 30×40×2㎝ 크기의 대리석 판을 깨끗이 세척해 물기를 제거한 다음 작업하기
하루 전 −18℃ 냉동고에서 보관해 차갑게 만든다.

2 작업대에 젖은 행주를 놓고 대리석 판을 올린다.

3 적외선 온도계로 대리석 판 표면의 온도를 재 −5℃가 될 때까지 기다린다.

4 짤주머니에 템퍼링한 화이트초콜릿을 넣고 대리석 판에 일자로 여러 번 짠다.
tip 화이트초콜릿은 40℃-25℃-28℃로 템퍼링한다.

5 스패튤러로 초콜릿을 평평하게 펴 바른다.

6 초콜릿이 손에 묻어나지 않을 정도로 살짝 굳힌다.

7 페뉴를 사용해 초콜릿을 왼쪽에서 오른쪽으로 지그시 누르면서 긁는다.

8 초콜릿의 가장자리를 잘라 정리한 뒤 대리석 판과 초콜릿 사이에 초콜릿용
스크레이퍼를 넣고 밀면서 돌돌 만다.

9 유산지를 깐 철판에 올려 냉장고에서 30분 동안 완전히 굳히고 초콜릿을
정리한다.

Variation

○ 프티 가토, 타르트, 앙트르메의 윗면 장식

○ 초콜릿 공예

Peigner Roll

페뉴 롤

'페뉴 롤'은 내추럴하게 말린 롤 모양이 세련된 느낌을 주는 장식입니다. 페뉴 롤을 잘 만들기 위해서는 대리석 판의 온도가 무엇보다 중요합니다. 작업하기 하루 전 대리석 판을 냉동고에서 보관해 온도를 −5℃ 이하로 떨어뜨리세요. 그리고 대리석 판의 온도가 −5~5℃ 사이일 때 초콜릿 작업을 하도록 합니다. 대리석 판의 온도가 너무 낮으면 초콜릿이 형태를 잡기 전에 금방 굳어 버리고, 반대로 너무 높으면 초콜릿이 잘 굳지 않고 대리석 판에서 잘 떨어지지 않을 수 있으므로 주의해 주세요.

소요시간	냉장고에서 굳히는 시간	난이도
13h	30min	★★⯪

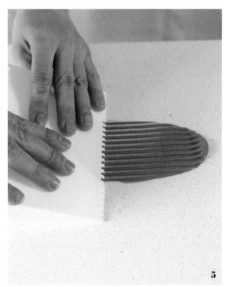

Peigner Roll

재료

템퍼링한 밀크초콜릿

-

도구

대리석 판

행주

적외선 온도계

실리콘 주걱

짤주머니

페뉴

과도

초콜릿용 스크레이퍼

철판

유산지

1 30×40×2㎝ 크기의 대리석 판을 깨끗이 세척해 물기를 제거한 다음 작업하기 하루 전 −18℃ 냉동고에서 보관해 차갑게 만든다.

2 작업대에 젖은 행주를 놓고 대리석 판을 올린다.

3 적외선 온도계로 대리석 판 표면의 온도를 재 −5℃가 될 때까지 기다린다.

4 짤주머니에 템퍼링한 밀크초콜릿을 넣고 대리석 판에 원형으로 짠다.

   tip 밀크초콜릿은 40℃-26℃-29℃로 템퍼링한다.

5 페뉴를 사용해 초콜릿을 왼쪽에서 오른쪽으로 지그시 누르면서 긁어 무늬를 낸다.

   tip 너무 세게 눌러 장식이 끊어지지 않도록 주의한다.

6 초콜릿이 손에 묻어나지 않을 정도로 살짝 굳힌 뒤 과도를 사용해 20×3㎝ 크기의 직사각형으로 자른다.

   tip 오른쪽 끝은 과도로 자르지 않고 그냥 두어 자연스러운 모양을 유지한다.

7 대리석 판과 초콜릿 사이에 초콜릿용 스크레이퍼를 넣고 밀어 초콜릿을 뗀다.

8 초콜릿을 뒤집어서 골이 있는 쪽이 아래로 가도록 놓고 손으로 동그랗게 말아 모양을 잡는다.

9 유산지를 깐 철판에 올린 후 냉장고에서 30분 동안 완전히 굳혀 초콜릿을 정리한다.

   tip 사용하고 남은 페뉴 롤은 밀폐 용기에 넣고 온도 18℃, 습도 60% 초콜릿 전용 냉장고에서 보관한다.

Variation

○ 포레누아르, 초콜릿 타르트 등의 윗면에 수북히 올려 장식

○ 초콜릿을 주재료로 하는 앙트르메의 윗면 장식

○ 초콜릿 공예

Cigarette

시가렛

담배 모양을 닮은 시가렛은 고전적인 초콜릿 장식의 대표주자입니다. 시가렛
장식은 단순해 보여도 만드는 방법은 꽤 까다롭습니다. 먼저 너무 덥거나
추운 작업실에서는 만들기 어렵고 대리석 작업대의 온도와 초콜릿의 굳기 등이
잘 맞아야 일정하게 말 수 있습니다. 따라서 작업실의 온도와 대리석의 온도를
22~23℃로 맞춰 작업해 주세요. 또한 시가렛 장식은 두 가지 이상의 초콜릿으
로 색감에 대비를 줘 만드는데, 이때 각기 다른 초콜릿의 템퍼링 상태가 비슷
해야 매끄럽게 잘 만들어집니다. 마지막으로 초콜릿을 말 때는 초콜릿용 스크
레이퍼의 끝부분이 살짝 휘도록 힘을 주어 초콜릿을 들어 올리는 느낌으로 미는
게 요령입니다. 화이트초콜릿에 초콜릿 색소로 색을 내어 사용하거나 용도에
맞게 장식의 두께를 조절해 응용할 수 있습니다.

소요시간	냉장고에서 굳히는 시간	난이도
3h	X	★★☆

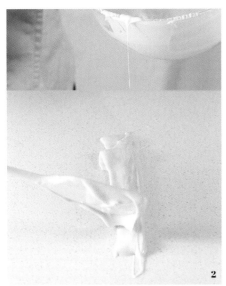

2

3

4

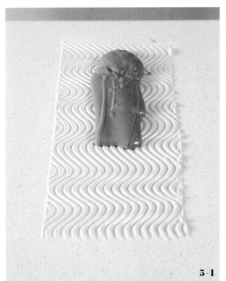

5-1

5-2

7

Cigarette

재료
템퍼링한 화이트초콜릿 200g
템퍼링한 밀크초콜릿 200g

-

도구
대리석 작업대
키친타월
실리콘 주걱
스패튤러
페뉴
초콜릿용 스크레이퍼

1 대리석 작업대의 온도를 22~23℃로 맞춘 다음 키친타월로 표면의 물기를
   닦는다.
   tip 작업장은 온도 22~23℃, 습도 60% 이하로 맞춘다.

2 템퍼링한 화이트초콜릿을 대리석 작업대에 30㎝ 길이로 붓는다.
   tip 카카오 함량이 낮아 유연한 초콜릿을 먼저 작업한다.

3 스패튤러로 1㎜ 두께가 될 때까지 평평하게 펴 바른다.
   tip 두껍게 평탄 작업하면 시가렛의 두께가 굵게 만들어진다.

4 초콜릿의 두께가 얇아지도록 페뉴를 지그시 누르면서 위에서부터 아래로
   물결무늬를 그리며 긁는다.

5 손에 묻어나지 않을 정도로 굳으면 템퍼링한 밀크초콜릿을 붓고 아래의
   화이트초콜릿이 비칠 정도로 얇고 평평하게 펴 바른다.
   tip 밀크초콜릿을 반복해서 바르면 초콜릿이 균일하고 빠르게 굳는다.

6 가장자리의 초콜릿을 초콜릿용 스크레이퍼로 잘라 정리하고 초콜릿을 손으로
   꾹 눌렀을 때 자국이 나지 않을 정도로 굳힌다.

7 작업대와 초콜릿 사이에 초콜릿용 스크레이퍼를 넣고 초콜릿을 들어 올리듯이
   밀어 돌돌 만다.

Variation
○ 각종 케이크의 윗면에 장식
○ 시가렛 장식 자체에 크림을 채워 디저트로 활용

227

Copeau

코포

프랑스어로 '대팻밥'을 의미하는 코포(copeau)는 돌돌 말아 만드는 롤 형태의 장식입니다. 통통하게 말면 귀엽고 사랑스러운 분위기를 느낄 수 있습니다. 코포를 잘 만들기 위해서는 먼저 초콜릿의 템퍼링 상태가 균일해야 하고 두께를 살짝 도톰하게 만드는 것이 좋습니다. 작업할 때 실내 온도가 높다면 원형 커터를 사전에 냉동고에서 차갑게 보관했다가 사용하는 것이 좋습니다. 이렇게 하면 초콜릿이 커터에 들러붙지 않고 매끄럽게 잘 말립니다. 원형 커터가 닿는 면적에 따라 코포의 사이즈를 조절할 수 있으며, 완성한 코포의 놓는 방향을 달리하면 색다른 분위기를 연출할 수 있습니다.

소요시간	냉장고에서 굳히는 시간	난이도
1h 50min	X	★★☆

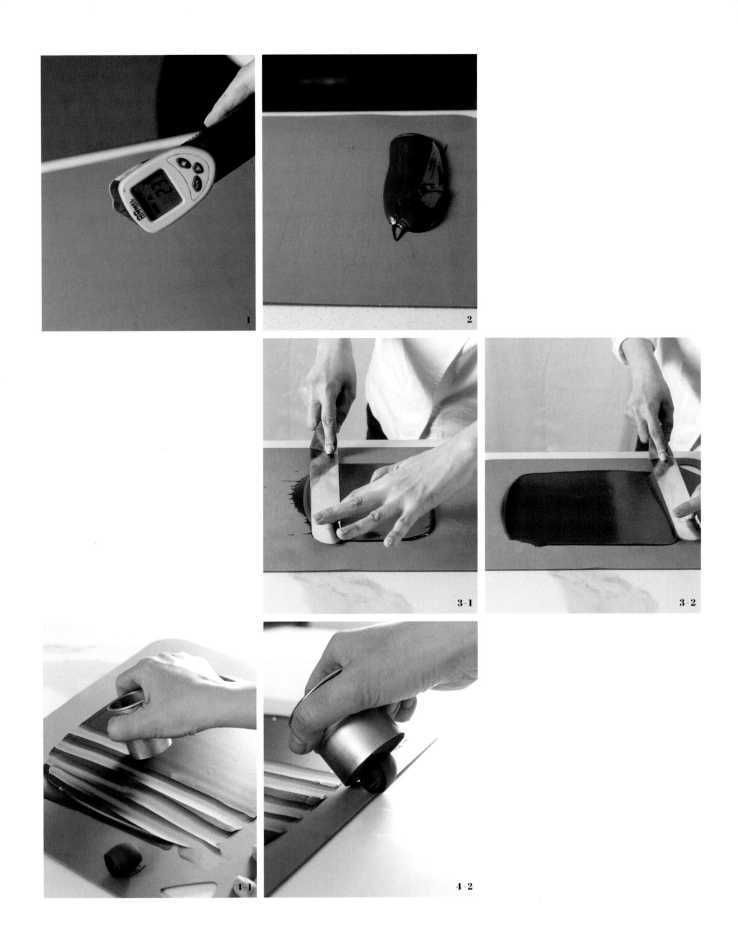

Copeau

재료

템퍼링한 다크초콜릿

-

도구

실리콘 도마
키친타월
실리콘 주걱
스패튤러
원형 커터

1 실리콘 도마의 온도를 실온(23℃)으로 맞춘 다음 키친타월로 표면의 물기를 닦는다.

tip 작업장은 온도 22~23℃, 습도 60% 이하로 맞춘다.

2 실리콘 도마에 템퍼링한 다크초콜릿을 길게 붓는다.

tip 대리석에서 작업하는 것보다 온도 조절이 용이하다. 여름철에는 다크초콜릿의 작업이 쉽고 겨울철에는 화이트초콜릿의 작업이 수월하다.

3 스패튤러로 4~5㎜ 두께가 될 때까지 평평하게 펴 바른다.

tip 초콜릿이 굳기 시작할 때까지 반복해서 평평하게 바른다. 평탄 작업의 두께를 얇게 하면 슬림한 형태로 만들 수 있다.

4 초콜릿이 비교적 단단히 굳으면(온도: 21℃) 냉동고에서 차갑게 보관한 원형 커터를 초콜릿에 비스듬히 대고 위에서부터 아래로 재빨리 긁는다.

tip 초콜릿이 동그랗게 말리지 않으면 조금 더 굳혀 작업한다. 초콜릿이 말리지 않고 부스러지면 손바닥으로 초콜릿의 표면을 비벼 부드럽게 만들고 원형 커터로 다시 긁는다.

Variation

○ 컵케이크, 구움과자 등 프티 사이즈의 디저트 윗면에 장식

○ 앙트르메 윗면에 수북이 쌓아 장식

○ 초콜릿 공예 장식

Éventail

에방타유

'에방타유'는 프랑스어로 부채를 뜻하는데, 부드러운 주름이 매력적인 장식입니다. 이 책에서 소개하는 방법은 기존의 방식과 조금 차이가 있습니다. 먼저 철판에 초콜릿을 평탄 작업해 냉장고에서 보관하고, 케이크 마무리 과정에서 이를 꺼내 밴드와 부채 모양으로 각각 성형한 다음 바로 케이크에 붙입니다. 이 방법은 대량 판매가 이루어지는 매장에서 활용하기 적합하며 인공적이지 않은 내추럴한 무드를 연출할 수 있는 장점이 있습니다. 잘 만들어진 에방타유 장식은 표면에 은은한 광택과 함께 늘어진 벨벳과 같은 주름이 만들어집니다. 고난이도의 초콜릿 장식물로, 숙련되기까지 꾸준히 반복적으로 연습해 여러 가지 스타일의 에방타유를 완성해 보세요.

소요시간
3h

냉장고에서 굳히는 시간
30min

난이도
★★★

Éventail

재료	**초콜릿 판**
다크초콜릿	**1** 여러 장의 철판을 깨끗하게 씻어 말리고 50℃ 오븐에서 데운다.
-	**2** 다크초콜릿을 녹여 온도를 40~45℃로 맞춘다.
도구	**3** 철판에 다크초콜릿을 150g씩 붓고 스패튤러를 사용해 평평하게 펴 바른다.
철판	**4** 가장자리를 손으로 깨끗하게 정리하고 냉장고에서 최소 2시간 동안 굳힌다.
볼	**5** 초콜릿이 굳으면 6~8판씩 포개어 랩을 밀착시켜 감싸고 냉장고에서 보관한다.
실리콘 주걱	**tip** 초콜릿 판은 최대 4주까지 보관 가능하며 초콜릿에 습기가 생기지 않도록
온도계	랩으로 감싸 보관한다.
스패튤러	
랩	**에방타유 만들기**
랙	**6** 랙에 초콜릿 판을 한 판씩 꽂아 초콜릿의 온도가 22~23℃가 될 때까지 실온에
초콜릿용 스크레이퍼	30~40분 동안 둔다.
과도	**7** 작업할 케이크의 높이보다 1㎝ 크게 폭을 잡아 초콜릿에 칼금을 넣는다.

재료
다크초콜릿
-

도구
철판
볼
실리콘 주걱
온도계
스패튤러
랩
랙
초콜릿용 스크레이퍼
과도

초콜릿 판

1 여러 장의 철판을 깨끗하게 씻어 말리고 50℃ 오븐에서 데운다.

2 다크초콜릿을 녹여 온도를 40~45℃로 맞춘다.

3 철판에 다크초콜릿을 150g씩 붓고 스패튤러를 사용해 평평하게 펴 바른다.

4 가장자리를 손으로 깨끗하게 정리하고 냉장고에서 최소 2시간 동안 굳힌다.

5 초콜릿이 굳으면 6~8판씩 포개어 랩을 밀착시켜 감싸고 냉장고에서 보관한다.

　　tip 초콜릿 판은 최대 4주까지 보관 가능하며 초콜릿에 습기가 생기지 않도록
　　랩으로 감싸 보관한다.

에방타유 만들기

6 랙에 초콜릿 판을 한 판씩 꽂아 초콜릿의 온도가 22~23℃가 될 때까지 실온에
　30~40분 동안 둔다.

7 작업할 케이크의 높이보다 1㎝ 크게 폭을 잡아 초콜릿에 칼금을 넣는다.

　　tip 엄지 손가락 끝으로 초콜릿을 긁어 끊기지 않고 동그랗게 말리면 작업을
　　시작한다.

8 한 손으로는 초콜릿용 스크레이퍼로 철판과 초콜릿 사이를 긁으며 밀고 다른
　손으로는 초콜릿을 잡아 올리며 떼어 낸다.

9 냉장 온도의 케이크 옆면에 초콜릿을 둘러 붙인다.

　　tip 실온의 케이크에 초콜릿을 두르면 초콜릿의 냉각 온도가 부적절해 블룸 현상이
　　생길 수 있고, 냉동 온도의 케이크에 초콜릿을 붙이면 케이크와 초콜릿 사이에 15℃
　　이상 온도 차가 발생해 물방울이 맺히고 품질이 저하되므로 주의한다.

10 한 손으로는 초콜릿용 스크레이퍼로 철판과 초콜릿 사이를 긁으며 밀고 다른 한
　손으로는 주름을 잡아 부채 모양을 만든다.

11 9의 윗면에 10을 과도를 사용해 이어 붙여 꽃 모양을 만든다.

Variation

○ 여러 개를 이어 붙여 꽃 모양을 만들고 푀이도톤의 윗면에 장식

○ 밴드 모양으로 잘라 케이크의 옆면 장식

○ 어버이날 기념 카네이션 케이크의 장식

○ 초콜릿 공예에서 산타의 허리띠 장식

○ 리본 주름

Feather

깃털

날렵하고 엣지있는 분위기가 나는 장식입니다. 깃털 장식을 만들 때는 미술용
나이프에 초콜릿을 균일하게 잘 묻혀야 하며 나이프를 비닐에서 뗌과 동시에
밑으로 잡아당겨 가운데에 뾰족한 뼈대 라인이 생기게 하는 것이 핵심입니다.
이렇게 하면 가장자리는 얇아지고 가운데에는 굵은 뼈대 라인이 만들어져
모양이 유지됩니다. 슬림하게 완성된 깃털 장식은 케이크에 경쾌한 느낌을
줍니다. 완성한 깃털 장식은 두께가 얇아 손에서 쉽게 녹으므로 장식하기까지
냉장고에서 보관하고 꺼내자마자 즉시 작업합니다. 또한 장식을 옮길 때는
가장자리가 아닌, 되도록 가운데 뼈대 부분을 잡는 것이 좋습니다.

소요시간
1h 40min

냉장고에서 굳히는 시간
30min 이상

난이도
★★★

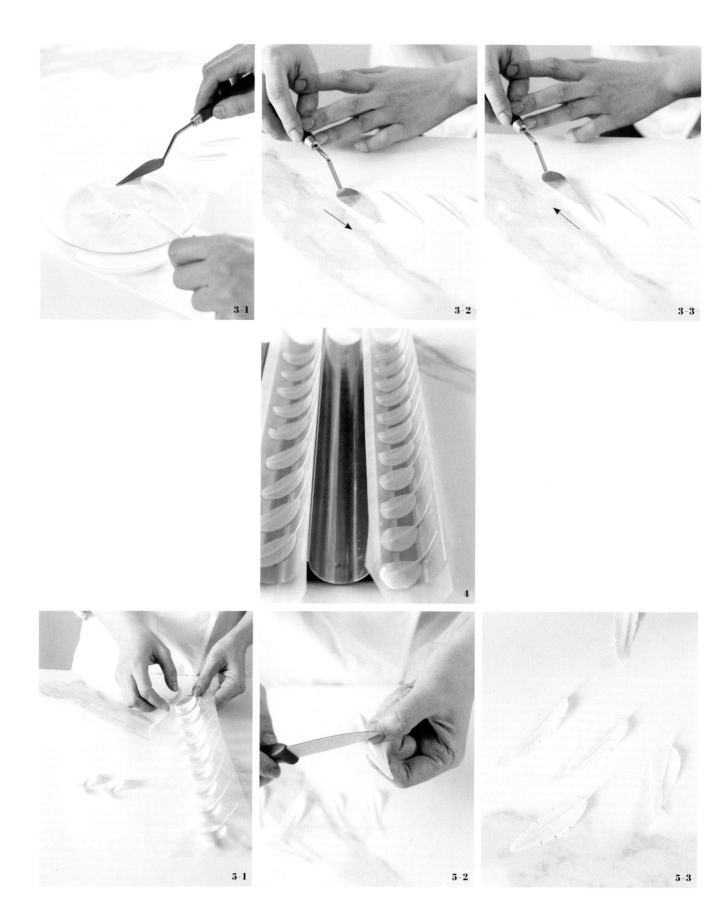

Feather

재료

템퍼링한 화이트초콜릿

-

도구

다용도 비닐

가위

대리석 작업대

플라스틱 스크레이퍼

볼

실리콘 주걱

미술용 나이프

스테인리스 튀일팬

열풍기

과도

1 다용도 비닐을 6㎝ 폭의 밴드 모양으로 자른다.

2 대리석 작업대에 자른 비닐을 올리고 플라스틱 스크레이퍼로 밀착시킨다.

3 템퍼링한 화이트초콜릿을 미술용 나이프에 묻혀 2에 사선으로 묻힌 다음
나이프를 살짝 들어 아래쪽으로 잡아 빼 깃털 모양을 만든다.

    tip 나이프의 아랫부분(넓은 부분)에서 윗부분(뾰족한 부분)의 순서로 초콜릿을
묻힌다.

4 스테인리스 튀일팬에 깃털 모양 초콜릿을 올리고 냉장고에서 최소 30분 이상
굳혀 자연스러운 굴곡을 낸다.

5 비닐에서 뗀 뒤 열풍기로 달군 과도를 사용해 가장자리에 칼집을 넣어 깃털
모양을 낸다.

    tip 깃털 장식은 두께가 얇기 때문에 냉장고에서 꺼내자마자 바로 비닐에서 떼야
깔끔하게 떨어진다.

Variation

○ 프티 가토, 홀케이크, 타르트, 구움과자 등의 윗면 장식
○ 부활절 테마의 초콜릿 공예

Tube

튜브

템퍼링한 초콜릿을 그물 모양으로 짜 얇은 봉 형태로 만든 장식입니다. 초콜릿이 금방이라도 깨질 듯 얇으면서 안이 들여다보여 선의 섬세함이 그대로 드러납니다. 튜브를 만들 때는 짤주머니의 앞부분을 작게 잘라 입구를 조그맣게 만든 다음 튜브 내부가 보이도록 초콜릿을 가늘고 성기게 짜는 것이 좋습니다. 잘 만들어진 튜브는 색소를 쓰지 않아도 광택이 좋아 디저트에 화려한 분위기를 낼 수 있습니다.

소요시간
1h 40min

냉장고에서 굳히는 시간
30min 이상

난이도
★★ ★

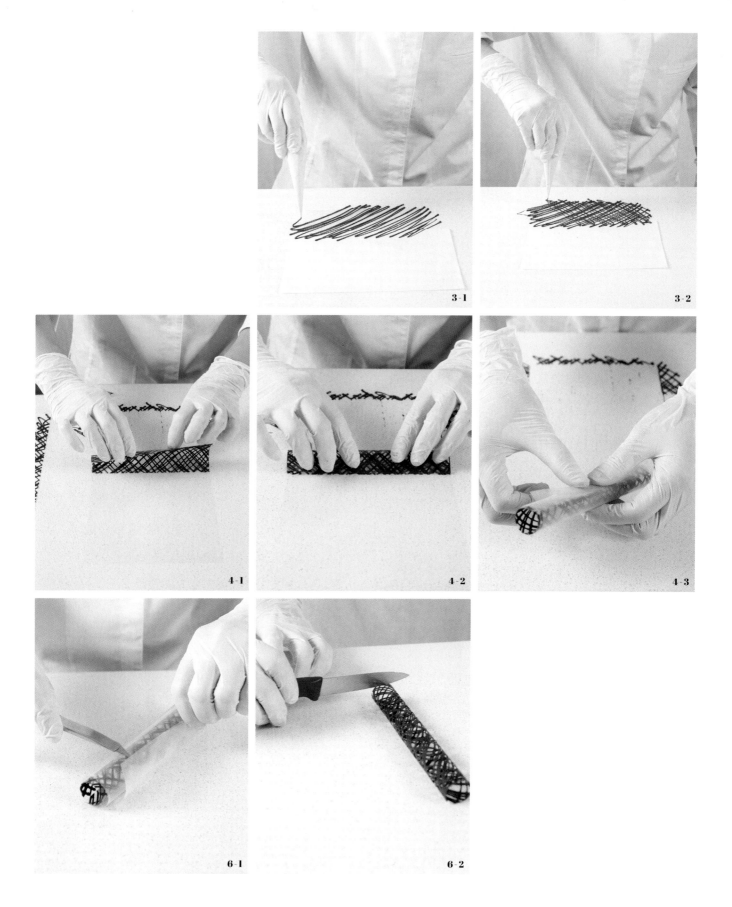

3-1
3-2
4-1
4-2
4-3
6-1
6-2

242

Tube

재료

템퍼링한 다크초콜릿

-

도구

다용도 비닐

유산지

가위

대리석 작업대

실리콘 주걱

짤주머니

테이프

커터 칼

열풍기

과도

1 다용도 비닐을 15×20㎝ 크기의 직사각형으로 자르고 유산지를 16×5㎝ 크기의 직사각형으로 자른다.

2 대리석 작업대에 자른 비닐을 놓고 자른 유산지를 겹쳐 올린다.

3 짤주머니에 템퍼링한 다크초콜릿을 넣고 2의 비닐 위에 X자로 성기게 짠다.
   tip 짤주머니에 입구를 지름 1.5㎜ 크기의 원형으로 아주 작게 자른다.

4 유산지를 제거하고 비닐의 끝부분을 초콜릿의 끝부분에 대고 동그랗게 만 다음 테이프를 붙여 고정한다.

5 냉장고에서 30분 동안 완전히 굳힌다.

6 비닐에서 뗀 뒤 열풍기로 달군 과도를 사용해 원하는 크기로 자른다.

Variation

○ 플레이트 디저트의 구조물

○ 각종 케이크와 구움과자의 윗면 장식

Sponge

해면

레시틴을 섞어 액체처럼 질어진 초콜릿 안에 산소를 주입하면 수많은 기공이 생기면서 해면과 같은 모양이 만들어집니다. 이때 초콜릿 용액의 온도가 높으면 산소가 그대로 빠져 나와 버리고, 용액이 차가우면 초콜릿이 굳으면서 기포가 퍼져나가지 못하거나 산소를 주입하는 튜브를 막아버립니다. 따라서 초콜릿의 온도를 30℃로 유지하는 것이 제일 중요한 포인트입니다. 공기를 주입한 초콜릿 조각을 잘랐을 때 내부에 해면과 같은 불규칙한 기공들이 생겼다면 잘 만들어진 것입니다. 해면은 장식적인 효과뿐만 아니라 입에서 사르르 녹는 기분 좋은 식감도 주어 디저트의 맛을 한층 끌어올리는 요소로 활용할 수 있습니다.

소요시간	냉장고에서 굳히는 시간	난이도
4h	30min 이상	★ ★ ★

Sponge

재료

다크초콜릿 50g

카카오 버터 30g

대두 레시틴 2g

-

도구

볼

실리콘 주걱

플라스틱 통

핸드블렌더

수족관용 산소 발생기

튜브

1 볼에 다크초콜릿, 카카오 버터를 넣고 녹인다.

2 플라스틱 통에 옮겨 대두 레시틴을 넣고 섞은 다음 핸드블렌더로 간다.

3 2에 수족관용 산소 발생기의 튜브를 꽂고 기포를 넣는다.

 tip 기포 발생 정도를 제일 약하게 설정한다.

4 30℃ 정도를 유지하며 1~2시간 동안 둔다.

5 초콜릿에 기포가 두텁게 생기면 냉장고에서 1시간 이상 굳힌다.

 tip 큰 기포를 원할 경우, 초콜릿 표면에 기포가 크게 생겼을 때 숟가락으로 떠서
 얼음물을 받친 차가운 상태의 스테인리스 볼에 넣고 굳히면 된다.

6 원하는 크기로 잘라 사용한다.

Variation

○ 플레이트 디저트 장식

○ 각종 케이크와 타르트의 윗면 장식

○ 바다 테마의 초콜릿 공예

6.

Mold & Plastic Chocolate

Ornament

오너먼트

크리스마스 분위기를 물씬 풍기는 '오너먼트' 장식입니다. 크리스마스 시즌 외에도 구 모양의 초콜릿이나 프티 가토를 제작할 때 다양하게 활용할 수 있으니 꼭 만들어 보길 바랍니다. 오너먼트 장식은 폴리카보네이트 소재의 몰드에 초콜릿을 넣고 굳혀 광택이 좋은 것이 특징입니다. 여기에 자연스럽게 휘어진 리본 고리 장식을 더하면 귀엽고 앙증맞은 느낌을 낼 수 있습니다. 각양각색의 색소를 사용해 화려한 색감의 오너먼트 장식을 만들어 보세요.

소요시간	냉장고에서 굳히는 시간	난이도
3h	30min	★ ★ ★

Ornament

재료
알코올
노란색 초콜릿 색소
빨간색 초콜릿 색소
템퍼링한 다크초콜릿 300g
리본 고리 장식

-

도구
반구 모양 초콜릿 몰드
분무기
화장솜
컴프레서
에어브러시 건
유산지
초콜릿용 스크레이퍼
워머
국자
스패튤러
철판
원형 무스케이크 틀
코르네

1. 지름 5cm 크기의 반구형 초콜릿 몰드(초콜릿 월드 1203)에 알코올을 뿌리고 화장솜으로 문질러 광택을 낸다.

2. 컴프레서에 40℃로 보관한 에어브러시 건을 연결하고 35℃의 노란색 초콜릿 색소를 넣는다.

3. 몰드의 절반에 노란색 초콜릿 색소를 분사하고 유산지에 문질러 몰드 윗부분의 색소를 제거한다.

4. 에어브러시 건에 35℃의 빨간색 초콜릿 색소를 넣고 3의 몰드 나머지 절반에 분사한다.

5. 유산지에 문질러 몰드 윗부분의 색소를 제거하고 색소가 살짝 굳으면 초콜릿용 스크레이퍼로 긁어 굳은 색소를 제거한다.

6. 몰드를 세워 색소를 완전히 굳힌다.
   tip 몰드를 세워서 굳히면 색소가 빨리 잘 굳는다.

7. 6에 템퍼링한 다크초콜릿을 가득 채워 넣는다.

8. 윗면을 스패튤러로 정리하고 몰드 옆면을 초콜릿용 스크레이퍼로 빠르게 두드려 기포를 제거한다.

9. 몰드를 뒤집어 초콜릿을 쏟아 낸다.

10. 윗면을 초콜릿용 스크레이퍼로 긁어 정리한 다음 유산지에 뒤집어 놓는다.

11. 초콜릿이 손에 묻어나지 않을 정도로 살짝 굳으면 몰드 윗면을 초콜릿용 스크레이퍼로 긁어 굳은 초콜릿을 정리한다.

12. 냉장고에서 30분 동안 완전히 굳힌 뒤 몰드에서 초콜릿을 뺀다.

13. 50℃로 예열한 오븐에 철판을 넣고 데운다.

14. 작업대에 원형 무스케이크 틀을 놓고 철판을 올린다.

15. 몰드에서 뺀 초콜릿 아랫면을 철판에 대고 문질러 살짝 녹인 뒤 2개씩 맞붙인다.

16. 움직이지 않도록 초콜릿 몰드에 다시 넣고 완전히 굳힌다.

17. 윗부분에 남은 템퍼링한 다크초콜릿을 사용해 리본 고리 장식을 붙인다.
    tip 리본 고리 장식은 p.208를 참고해 만든다.

Variation

○ 부슈 드 노엘, 앙트르메 등 크리스마스 시즌 케이크의 장식
○ 초콜릿 공예

Hippo

하마

동물 모양 등 입체적인 몰드를 사용해 장식을 만들 때 특히 주의할 점은 몰드 안쪽의 좁거나 정교한 부분에 초콜릿이 잘 입혀지지 않으면 완성 후 초콜릿 표면에 작은 구멍(핀홀)들이 생길 수 있다는 것입니다. 몰딩 작업을 하기 전, 몰드의 안쪽에 초콜릿용 색소 또는 템퍼링한 초콜릿을 붓에 묻혀 꼼꼼하게 바르면 이러한 문제를 사전에 방지할 수 있습니다. 몰드에 색소 작업을 할 때는 각각의 색소가 선명히 잘 드러날 수 있도록 색감의 조화에 신경 써 주세요. 또한 몰드에 단순히 색소를 입히는 것도 좋지만 다양한 도구를 이용해 무늬도 함께 표현하면 한층 생동감 있고 세련된 느낌을 줄 수 있습니다.

소요시간
3h

냉장고에서 굳히는 시간
30min

난이도
★★★

Hippo

재료

알코올
템퍼링한 다크초콜릿
빨간색 초콜릿 색소
흰색 초콜릿 색소
노란색 초콜릿 색소
검은색 초콜릿 색소
파란색 초콜릿 색소
템퍼링한 화이트초콜릿 600g
-
도구

하마 모양 초콜릿 몰드
분무기, 화장솜
미술용 붓, 비커
실리콘 주걱
컴프레서
에어브러시 건
유산지
워머, 볼, 국자
스패튤러
초콜릿용 스크레이퍼
철판
원형 무스케이크 틀

1 하마 모양 초콜릿 몰드를 실온(22~24℃)에서 하루 동안 보관한다.

2 몰드에 알코올을 뿌리고 화장솜으로 문질러 광을 낸다.

3 미술용 붓에 템퍼링한 다크초콜릿을 묻혀 하마 발, 눈 부분을 칠한다.

4 미술용 붓에 35℃의 빨간색 초콜릿 색소를 묻혀 귀, 꼬리 부분을 칠한다.

5 미술용 붓에 35℃의 흰색 초콜릿 색소를 묻혀 콧구멍 부분에 칠한 다음 붓을 털어 몸통 부분에 색소를 흩뿌린다.

6 미술용 붓에 35℃의 노란색 초콜릿 색소를 묻힌 뒤 붓을 털어 몸통 부분에 색소를 흩뿌린다.

7 미술용 붓에 35℃의 검은색 초콜릿 색소를 묻힌 후 붓을 털어 몸통 부분에 색소를 흩뿌린다.

8 비커에 흰색 초콜릿 색소, 검은색 초콜릿 색소, 파란색 초콜릿 색소를 섞어 푸른빛이 도는 회색을 만든다.

9 컴프레서에 40℃로 보관한 에어브러시 건을 연결하고 35℃로 온도를 맞춘 8의 색소를 넣은 다음 몰드에 고루 분사한다.

10 유산지에 문질러 몰드 윗부분의 색소를 제거한 다음 몰드를 세워 색소를 완전히 굳힌다.

11 10에 템퍼링한 화이트초콜릿을 가득 채워 넣고 윗면을 스패튤러로 정리한다.

12 몰드 옆면을 초콜릿용 스크레이퍼로 빠르게 두드려 기포를 제거한다.

13 몰드를 뒤집어 초콜릿을 쏟아 낸다.

14 윗면을 초콜릿용 스크레이퍼로 긁어 정리한 후 유산지에 뒤집어 놓는다.

15 초콜릿이 손에 묻어나지 않을 정도로 살짝 굳으면 몰드 윗면을 다시 초콜릿용 스크레이퍼로 긁어 굳은 초콜릿을 정리한다.

16 냉장고에서 30분 동안 완전히 굳힌 다음 몰드에서 뺀다.

17 50℃로 예열한 오븐에 철판을 넣고 데운다.

18 작업대에 원형 무스케이크 틀을 놓고 철판을 올린다.

19 몰드에서 뺀 초콜릿 아랫면을 철판에 대고 문질러 살짝 녹인 뒤 2개씩 맞붙인다.

20 움직이지 않도록 초콜릿 몰드에 다시 넣고 완전히 굳힌다.

Variation

○ 다양한 동물 모양 몰드를 사용해 어린이날, 부활절, 크리스마스 등 특별한 날을 위한 초콜릿 쇼 피스 또는 디저트에 활용

Cabosse

카보스

카카오 빈의 품종 중 가장 품질이 뛰어난 '크리올로(Criollo)'를 연상시키는 카보스 장식이에요. 몰드에 색소를 입힐 때 다크초콜릿, 노란색 초콜릿 색소, 빨간색 초콜릿 색소를 차례대로 겹쳐 발라 열매의 색감이 실감 나게 표현될 수 있도록 합니다. 카보스를 만들 때 꼭지 부분에 초콜릿을 얇게 바르면 초콜릿이 굳어 수축하는 과정에서 크랙이 생기거나 심할 경우 깨질 수 있습니다. 따라서 몰드에 초콜릿을 바를 때 꼭지 부분은 한 번 더 초콜릿을 두껍게 칠하는 것이 좋습니다. 초콜릿 전문 디저트 숍에 장식용으로 활용하기 좋은 아이템입니다.

소요시간
3h

냉장고에서 굳히는 시간
30min

난이도
★★★

Cabosse

재료

알코올

템퍼링한 다크초콜릿

노란색 초콜릿 색소

빨간색 초콜릿 색소

템퍼링한 화이트초콜릿 300g

-

도구

카보스 모양 초콜릿 몰드

분무기

화장솜

미술용 붓

워머, 볼, 국자

스패튤러

식힘망

초콜릿용 스크레이퍼

유산지

미술용 나이프

철판

원형 무스케이크 틀

1 15㎝ 크기의 카보스 모양 초콜릿 몰드(발로나 cabosse n°1 10841)를 실온(22~24℃)에서 하루 동안 보관한다.

2 몰드에 알코올을 뿌리고 화장솜으로 문질러 광을 낸다.

3 미술용 붓에 템퍼링한 다크초콜릿을 묻혀 몰드에 군데군데 칠한다.

4 미술용 붓에 35℃의 노란색 초콜릿 색소를 묻혀 전체적으로 가볍게 칠한다.

5 미술용 붓에 35℃의 빨간색 초콜릿 색소를 묻혀 전체적으로 가볍게 칠한다.

6 색소를 완전히 굳힌 뒤 템퍼링한 화이트초콜릿을 가득 채워 넣는다.

7 윗면을 스패튤러로 정리한다.

8 몰드를 작업대에 놓고 양옆으로 가볍게 흔들어 기포를 제거한다.

9 볼에 식힘망을 올린 다음 몰드를 뒤집어 초콜릿을 쏟아 낸다.

10 식힘망에 9를 올려 잠시 둔 뒤 초콜릿용 스크레이퍼로 윗면을 긁어 정리한다.

11 유산지에 10을 뒤집어 놓고 초콜릿이 손에 묻어나지 않을 정도로 굳힌다.

12 미술용 나이프로 몰드 윗면의 굳은 초콜릿을 긁어내 정리한다.

13 냉장고에서 30분 동안 완전히 굳힌 다음 몰드에서 뺀다.

14 50℃로 예열한 오븐에 철판을 넣고 데운다.

15 작업대에 원형 무스케이크 틀을 놓고 철판을 올린다.

16 몰드에서 뺀 초콜릿 아랫면을 철판에 대고 문질러 살짝 녹인 뒤 2개씩 맞붙인다.

17 움직이지 않도록 초콜릿 몰드에 다시 넣고 완전히 굳힌다.

Variation

○ 카보스 안에 작은 디저트를 넣어 상자로 활용

○ 작은 크기로 만들어 초콜릿 디저트의 윗면에 장식

○ 초콜릿 테마의 초콜릿 공예

Lotus

연꽃

물방울과 반구, 두 가지 초콜릿 몰드에 초콜릿을 굳히고 이를 조립해 만든 장식입니다. 화이트초콜릿으로 만들어 단아하고 은은한 무드를 느낄 수 있는 것이 특징입니다. 몰딩 작업을 한 후에는 가장자리에 테두리가 생기지 않도록 초콜릿용 스크레이퍼로 깔끔하게 윗면을 정리해 주세요. 완성한 장식의 표면에 색소를 분사하면 입체감과 생동감 있는 또 다른 느낌의 연꽃 장식을 만들 수 있습니다.

소요시간
2h 30min

굳히는 시간(실온)
30min

난이도
★★★

Lotus

재료

알코올

템퍼링한 화이트초콜릿 150g

녹인 화이트초콜릿

원반 모양 초콜릿

-

도구

물방울 모양 초콜릿 몰드

반구 모양 초콜릿 몰드

분무기, 화장솜

워머, 볼, 국자

실리콘 주걱

스패튤러

초콜릿용 스크레이퍼

미술용 나이프

철판

원형 무스케이크 틀

코르네, 원형 틀

급속 냉각제

1 5.4㎝ 크기의 물방울 모양 초콜릿 몰드(초콜릿 월드 12061), 지름 5㎝ 크기의
반구 모양 초콜릿 몰드(초콜릿 월드 2251)를 실온(22~24℃)에서 하루 동안
보관한다.

2 몰드에 알코올을 뿌리고 화장솜으로 문질러 광을 낸다.

3 템퍼링한 화이트초콜릿의 온도를 32℃로 맞추고 물방울 모양 초콜릿 몰드에
가득 채워 넣는다.

4 윗면을 스패튤러로 정리한다.

5 몰드의 옆면을 초콜릿용 스크레이퍼로 빠르게 두드려 기포를 제거한다.

6 몰드를 뒤집어 초콜릿을 쏟아내고 윗면을 초콜릿용 스크레이퍼로 긁어
정리한다.

7 몰드를 세워 초콜릿을 완전히 굳힌다.

8 템퍼링한 화이트초콜릿의 온도를 32℃로 맞추고 반구 모양 초콜릿 몰드에 가득
채워 넣는다.

9 윗면을 스패튤러로 정리한 다음 몰드의 옆면을 초콜릿용 스크레이퍼로 빠르게
두드려 기포를 제거한다.

10 몰드를 뒤집어 초콜릿을 쏟아내고 윗면을 초콜릿용 스크레이퍼로 긁어
정리한다.

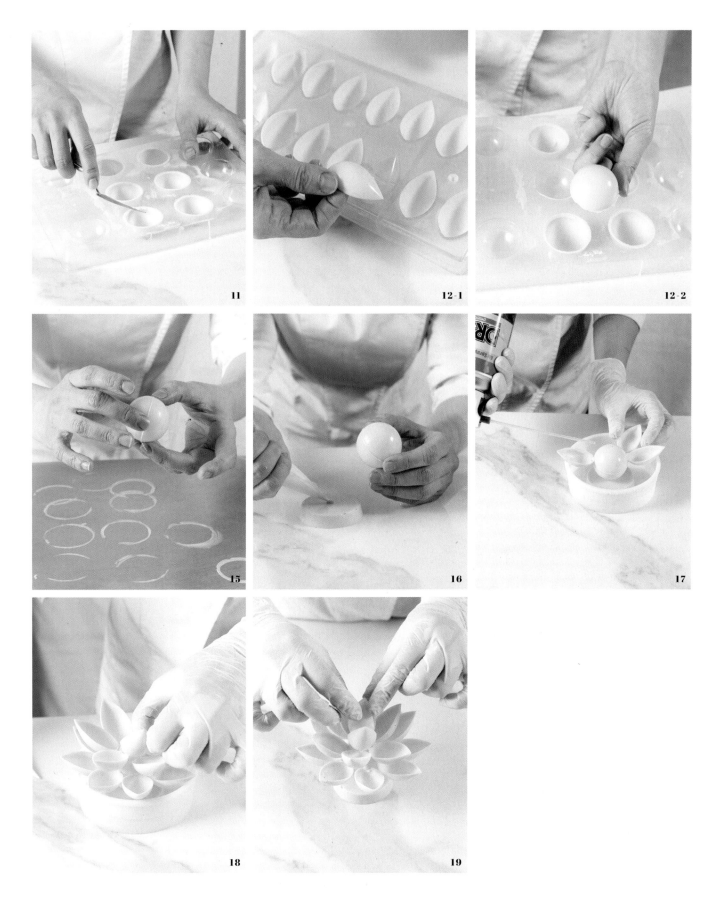

Lotus

11 초콜릿이 손에 묻어나지 않을 정도로 굳으면 미술용 나이프로 몰드 윗면의 굳은
초콜릿을 긁어 정리한 뒤 몰드를 세워 초콜릿을 완전히 굳힌다.

12 물방울과 반구 모양 몰드에서 초콜릿을 뺀 후 작업하기 편하도록 몰드에
비스듬히 올려놓는다.

13 50℃로 예열한 오븐에 철판을 넣고 데운다.

14 작업대에 원형 무스케이크 틀을 놓고 철판을 올린다.

15 반구 모양 초콜릿의 아랫면을 철판에 대고 문질러 살짝 녹인 다음 2개씩
맞붙인다.

16 원반 모양 초콜릿의 가운데에 녹인 화이트초콜릿을 짜고 15의 구를 붙인다.
tip 원반 모양 초콜릿은 지름 8㎝ 크기의 원형 실리콘 몰드(silikomart SF047)에
템퍼링한 화이트초콜릿을 가득 채우고 완전히 굳혀 사용하면 된다.

17 반구의 1/2 높이에 물방울 모양 초콜릿 7개를 일정한 간격으로 붙인다.
tip 녹인 화이트 초콜릿을 이용해 붙인 다음 급속 냉각제를 분사해 빠르게 굳힌다.
tip 원형 틀을 받쳐 작업하면 한결 수월하다.

18 17의 윗면 사이사이에 물방울 모양 초콜릿 5개를 일정한 간격으로 붙인다.

19 18의 윗면 사이사이에 물방울 모양 초콜릿 3개를 일정한 간격으로 붙이고
초콜릿을 완전히 굳힌다.

Variation
○ 초콜릿 공예

Lace Heart

레이스 하트

러블리한 무드의 '레이스 하트'는 짤주머니에 담은 초콜릿을 최대한 가늘고 성기게 이어 짜 안이 비치도록 만드는 것이 포인트입니다. 기울어진 면에서도 초콜릿이 흐르지 않고 되직한 질감이어야 하기 때문에 커버추어초콜릿이 아닌, 카카오 버터의 함량이 낮은 스틱초콜릿으로 작업하는 것이 알맞습니다. 하지만 스틱초콜릿에도 소량의 카카오 버터가 함유되어 있으므로 템퍼링해 사용하면 초콜릿 표면에 훨씬 더 반짝이는 광택을 줄 수 있습니다.

소요시간	냉장고에서 굳히는 시간	난이도
2h	1h	★★★

Lace Heart

재료

알코올

스틱초콜릿 100g

-

도구

하트 모양 초콜릿 몰드

분무기

화장솜

볼

초콜릿용 스크레이퍼

스패튤러

실리콘 주걱

짤주머니

가위

미술용 나이프

철판

유산지

원형 무스케이크 틀

1 11.9×10.4×23㎝ 크기의 하트 모양 초콜릿 몰드(초콜릿 월드 1148)를
실온(22~24℃)에서 하루 동안 보관한다.

2 몰드에 알코올을 뿌리고 화장솜으로 문질러 광을 낸다.

3 볼에 스틱초콜릿을 넣고 녹인 다음 템퍼링한다.(45℃-27℃-32℃)
tip 스틱초콜릿은 녹여도 텍스처가 되직하므로 온도를 확인하며 녹이고, 녹일 때
초콜릿이 타지 않도록 주의한다.

4 짤주머니에 템퍼링한 초콜릿을 넣고 짤주머니 입구를 지름 2㎜ 크기로 자른다.

5 몰드에 초콜릿을 몰드 가운데부터 스프링 모양으로 겹쳐 짠다.

6 초콜릿이 손에 묻지 않을 정도로 살짝 굳으면 몰드 윗면을 미술용 나이프로
긁어 테두리를 깔끔하게 정리한다.

7 냉장고에서 30분 동안 초콜릿을 완전히 굳힌 뒤 몰드에서 빼 유산지를 깐
철판에 놓는다.

8 50℃로 예열한 오븐에 또 다른 철판을 넣고 데운다.

9 작업대에 원형 무스케이크 틀을 놓고 철판을 올린다.

10 몰드에서 뺀 초콜릿 아랫면을 철판에 대고 문질러 살짝 녹인 후 2개씩
맞붙인다.

11 냉장고에서 30분 동안 초콜릿을 완전히 굳힌다.

Variation

○ 밸런타인데이 시즌에 기프트 박스로 활용

○ 앙트르메의 윗면 장식

○ 초콜릿 공예

Christmas Tree 1

크리스마스트리 1

크리스마스 파티 분위기를 한층 빛내 줄 크리스마스트리 장식입니다. 아세테이트지로 만든 원뿔 모양 몰드에 초콜릿을 몰딩해 굳히고 깃털 모양의 초콜릿 장식을 일정한 간격으로 이어 붙여 완성합니다. 새하얀 눈이 쌓인 크리스마스트리의 분위기를 연출하기 위해 화이트초콜릿을 사용했는데, 초콜릿용 색소를 분사해 채색하면 한층 더 생동감 있는 분위기를 낼 수 있습니다. 완성한 크리스마스트리는 25℃ 전후의 빛이 직접 닿지 않은 곳에서 보관하면 한 달 이상 보관이 가능합니다.

소요시간
4h

냉장고에서 굳히는 시간
1h 30min

난이도
★★★

Christmas Tree 1

템퍼링한 화이트초콜릿 800g

녹인 화이트초콜릿

깃털 장식

눈꽃 모양 장식

-

도구

아세테이트지

가위

테이프

계량컵

짤주머니

볼, 식힘망

유산지

미술용 나이프

실리콘매트

원형 무스케이크 틀

원형 실리콘 몰드

초콜릿용 스크레이퍼

철판

다용도 비닐

스패튤러

원형 커터

커터 칼, 코르네

크리스마스트리 골조

1 0.1㎜ 두께의 아세테이트지를 60×47㎝ 크기의 직사각형으로 자른다.

2 1을 지름 12㎝의 원뿔 모양이 되도록 돌돌 말고 테이프를 붙여 고정한다.
    tip 아세테이트지를 팽팽하게 잡아당기면서 만다.

3 아랫면을 평평하게 자른다.

4 계량컵에 3을 뒤집어 세운 다음 템퍼링한 화이트초콜릿을 짤주머니에 넣어
    가득 짜 넣는다.
    tip 초콜릿을 70% 정도만 채워 윗면까지 실리콘 주걱으로 발라도 된다.

5 볼에 식힘망을 올리고 4를 뒤집어 초콜릿을 쏟아 낸다.
    tip 초콜릿을 바로 쏟아 내지 않고 천천히 돌려 가며 기울여 초콜릿의 두께가
    일정해지도록 만든다. 이때 아세테이트지가 풀리지 않도록 주의한다.

6 식힘망에 2~3분 동안 올려 둔 뒤 아랫면을 식힘망에 문지르며 초콜릿의
    가장자리를 정리한다.

7 유산지에 놓고 초콜릿이 손에 묻어나지 않을 정도로 굳힌다.

8 미술용 나이프로 아랫부분을 긁어 정리한 후 냉장고에서 30분 동안 완전히
    굳힌다.

기둥

9 실리콘매트에 지름 16㎝ 크기의 원형 무스케이크 틀을 올리고 템퍼링한
    화이트초콜릿을 1㎝ 높이로 짜 넣는다.

10 냉장고에서 30분 동안 완전히 굳혀 틀에서 뺀다.

11 지름 8㎝ 크기의 원형 실리콘 몰드(silikomart SF047)에 템퍼링한
    화이트초콜릿을 가득 채우고 윗면을 초콜릿용 스크레이퍼로 긁어 정리한다.

Christmas Tree 1

12 냉장고에서 30분 동안 완전히 굳혀 틀에서 뺀다.

13 철판에 다용도 비닐을 깔고 템퍼링한 화이트초콜릿을 붓는다.

14 스패튤러로 3㎜ 두께가 될 때까지 초콜릿을 밀어 편 후 손에 묻어나지 않을
정도로 굳으면 지름 11㎝ 크기의 원형 커터로 잘라 냉장고에서 30분 동안
완전히 굳힌다.

마무리

15 크리스마스트리 골조의 아세테이트지를 커터 칼로 제거한다.

16 원형 무스케이크 틀에 50℃로 데운 철판을 올리고 트리 골조의 아랫면을 문질러
평평하게 정리한다.

17 녹인 부분에 녹인 화이트초콜릿을 짜고 지름 11㎝ 크기의 원형 초콜릿에 붙인다.
tip 이음매에 튀어나온 초콜릿을 손으로 문질러 정리한다.

18 지름 8㎝ 크기의 원형 초콜릿 2개를 녹인 화이트초콜릿으로 붙인다.

19 지름 16㎝ 크기의 원형 초콜릿 가운데에 녹인 화이트초콜릿으로 18을 붙인다.

20 윗면 가운데에 크리스마스 트리 골조를 붙인다.

21 깃털 장식을 녹인 화이트초콜릿을 사용해 아래에서부터 위로 일정하게 붙인다.
tip 깃털 장식은 p.236를 참고해 만든다.

22 꼭대기에 눈꽃 모양 장식을 붙인다.

Variation

○ 매장에 크리스마스 시즌 쇼 피스로 활용
○ 크리스마스 시즌 케이크

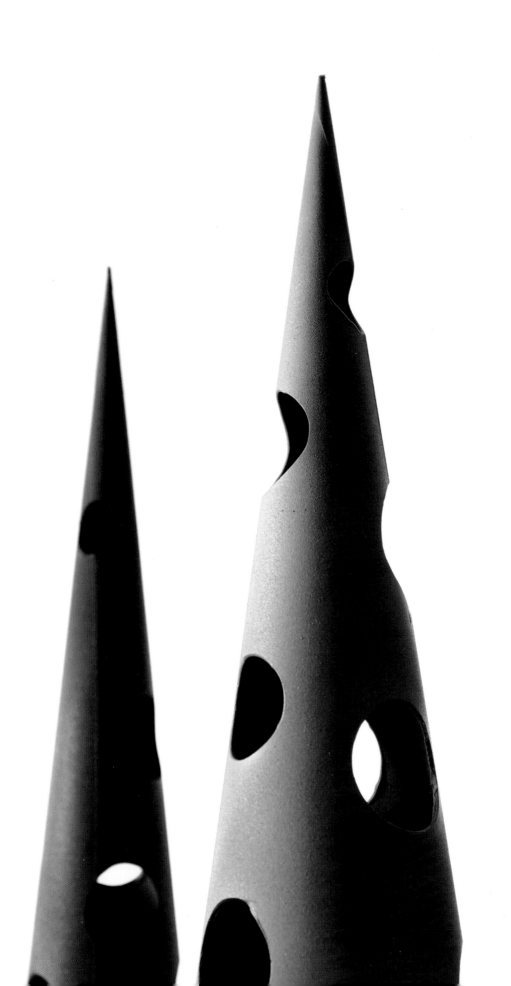

M O L D

Christmas Tree 2

크리스마스트리 2

테이블 조명을 연상시키는 크리스마스트리 2는 모던한 디자인이 눈길을 사로잡는 장식입니다. 원뿔 모양으로 만든 초콜릿의 표면에 달군 원형 커터로 불규칙한 구멍을 낸 것이 특징입니다. 이때 원형 커터를 천천히 돌려가며 구멍을 내면 커터 안으로 잘린 초콜릿이 함께 붙어 나와 초콜릿이 녹은 자국이 남지 않습니다. 겉면에 흰색 초콜릿 색소를 분사해 마치 흰 눈이 내려앉은 듯한 느낌을 내거나, 어두운 초록색 초콜릿 색소를 분사해 웅장한 분위기를 연출해 보세요. 또는 데코파우더를 알코올과 함께 섞어 분사해 한층 화려한 비주얼로 완성할 수도 있습니다.

소요시간
4h

냉장고에서 굳히는 시간
1h 30min

난이도
★★★

Christmas Tree 2

재료

템퍼링한 다크초콜릿 500g
녹인 다크초콜릿
초록색 초콜릿 색소

-

도구

아세테이트지
가위
테이프
계량컵
짤주머니
철판
식힘망
유산지
미술용 나이프
원형 실리콘 몰드
초콜릿용 스크레이퍼
원형 무스케이크 틀
철판
다용도 비닐
스패튤러
원형 커터
커터 칼
코르네
열풍기
에어브러시 건
컴프레서

크리스마스트리 2 골조

1 0.1mm 두께의 아세테이트지를 60×40cm 크기의 직사각형으로 잘라 크리스마스
트리 1(p.272 참고)과 같은 방식으로 골조를 만든다.

기둥

2 지름 6cm 크기의 원형 실리콘 몰드에 템퍼링한 다크초콜릿을 가득 채우고
윗면을 초콜릿용 스크레이퍼로 긁어 정리한다.

3 냉장고에서 30분 동안 완전히 굳혀 몰드에서 뺀다.

4 지름 15cm 크기의 원형 무스케이크 틀에 템퍼링한 다크초콜릿을 1cm 두께로
부어 굳힌 다음 냉장고에서 완전히 굳혀 몰드에서 뺀다.

5 철판에 다용도 비닐을 깔고 템퍼링한 다크초콜릿을 붓는다.

6 스패튤러로 초콜릿이 3mm 두께가 될 때까지 평평하게 밀어 편 다음 손에
묻어나지 않을 정도로 굳으면 지름 11cm 크기의 원형 커터로 잘라 냉장고에서
30분 동안 완전히 굳힌다.

마무리

7 크리스마스트리2 골조의 아세테이트지를 커터 칼로 제거한다.

8 원형 무스케이크 틀에 50℃로 데운 또 다른 철판을 올리고 7의 아랫면을 문질러
살짝 녹인다.

9 지름 11cm 크기의 원형 초콜릿 가장자리에 녹인 다크초콜릿을 짜고 8을 붙인다.
tip 이음매에 튀어나온 초콜릿을 손으로 문질러 정리한다.

10 4의 가운데에 3 2개를 녹인 다크초콜릿으로 붙인다.

11 9를 녹인 다크초콜릿으로 붙인다.

12 열풍기로 지름 3cm 크기의 원형 커터를 달군 뒤 11에 군데군데 찍어 구멍을
낸다.

13 노즐의 크기가 1.3mm인 에어브러시 건을 컴프레서에 연결한 다음 35℃의
초록색 초콜릿 색소를 넣는다.
tip 에어브러시 건은 40℃로 보관하여 사용한다.

14 12의 표면에 13을 분사한다.
tip 초콜릿에 색소가 얼룩지지 않고 잘 분사되게 하려면 색소 작업 전 초콜릿 장식을
냉장고에 30분 정도 두어 차갑게 만든 상태에서 색소를 분사한다.

Variation

○ 원뿔 내부에 구움과자, 프티 푸르 등을 쌓아 선물용 상품으로 활용
○ 크리스마스 시즌 매장의 쇼 피스, 크리스마스 케이크의 장식

Christmas Symbol

크리스마스 심볼

플라스틱 초콜릿으로 만든 장식은 비교적 오랫동안 보관이 가능해 한꺼번에 많이 만들어 두었다가 필요할 때마다 꺼내 쓰기 좋습니다. 장식을 만들기 2~3일 전 플라스틱 초콜릿 반죽을 미리 만들어 말랑말랑한 상태로 준비하고, 이를 2㎜ 내외의 두께로 밀어 펴 다양한 형태의 커터로 찍어 자르면 완성입니다. 이때 반죽과 커터가 붙지 않도록 분당과 전분을 1:1의 비율로 섞어 반죽에 뿌려가며 작업하는 것이 좋습니다. 또한 대리석 판이나 대리석 작업대에서 작업하면 한결 반죽이 잘 떨어지니 참고하세요.

소요시간	냉장고에서 굳히는 시간	난이도
36h	24h	★ ★ ★

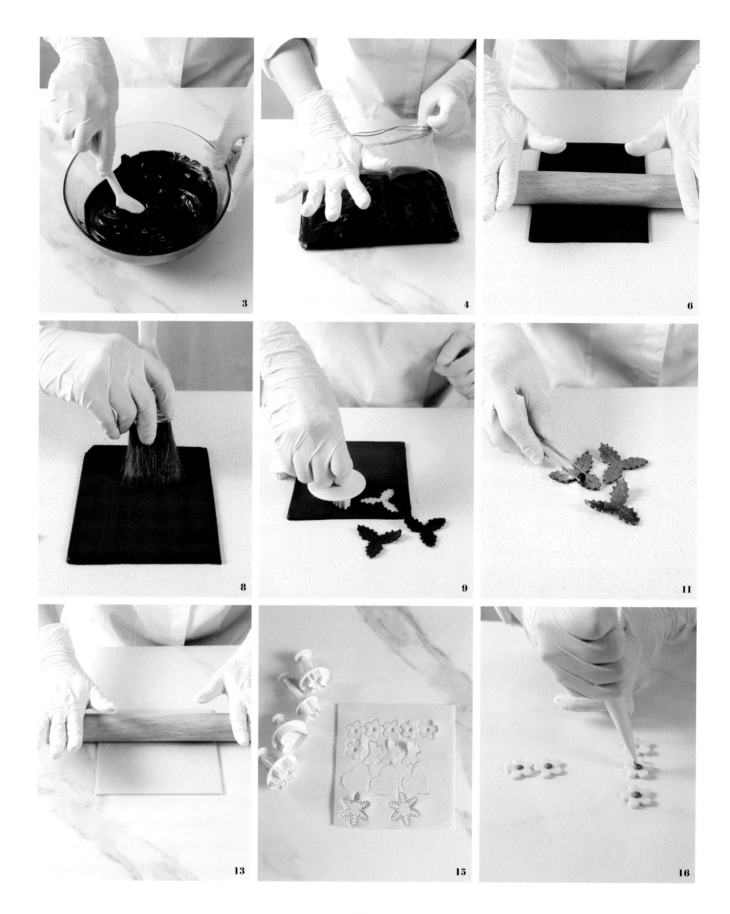

Christmas Symbol

재료

물 58g

설탕 58g

물엿 206g

식용유 47g

다크초콜릿 651g

(또는 화이트초콜릿)

코코아파우더 적당량

빨간색 초콜릿 색소

금색 데코파우더

템퍼링한 화이트초콜릿

-

도구

냄비

휴대용 가스 버너

볼, 실리콘 주걱

지퍼백, 다용도 비닐

밀대, 빵용 붓

나뭇잎 모양 커터

메이크업용 블러셔 붓

꽃 모양 커터

리본 모양 커터

하트 모양 커터

눈꽃 모양 커터

코르네

1 냄비에 물, 설탕을 넣고 설탕이 녹을 때까지 끓인다.

2 1에 물엿, 식용유를 넣고 끓인다.

3 볼에 다크초콜릿을 넣고 2를 부어 실리콘 주걱으로 유화시킨다.

4 지퍼백에 3을 넣고 손으로 눌러 평평하게 정리한 다음 냉장고에서 하루 동안 굳힌다.

    tip 특히 여름철에는 반드시 냉장고에서 굳히도록 한다.

    tip 완성한 플라스틱 초콜릿 반죽은 실온에서 6개월 동안 보관 및 사용이 가능하다. 단 기온이 32℃를 넘어서는 여름철에는 냉장고에서 보관하도록 한다.

5 플라스틱 초콜릿을 전자레인지에서 10초 동안 데워 말랑말랑한 상태로 만든다.

6 다용도 비닐 사이에 5를 놓고 밀대로 2㎜ 두께가 되도록 밀어 편다.

7 냉장고에서 10분 동안 둔 다음 비닐을 뗀다.

8 표면에 코코아파우더를 뿌린 뒤 빵용 붓으로 털어 정리한다.

9 나뭇잎 모양 커터로 찍어 자른다.

10 남은 플라스틱 초콜릿을 동그랗게 뭉친 뒤 겉면에 빨간색 초콜릿 색소를 바르고 굳혀 열매 모양을 만든다.

11 나뭇잎 모양 초콜릿에 메이크업용 블러셔 붓으로 금색 데코파우더를 바르고 열매를 붙여 실온에서 이틀 동안 완전히 굳힌다.

12 1~5의 공정을 다크초콜릿 대신 화이트초콜릿으로 만든다.

13 다용도 비닐 사이에 12를 놓고 밀대로 2㎜ 두께가 되도록 밀어 편다.

14 냉장고에서 10분 동안 둔 후 비닐을 뗀다.

15 꽃, 리본, 하트, 눈꽃 모양의 쿠키 커터로 찍어 자른다.

16 템퍼링한 화이트초콜릿에 빨간색 초콜릿 색소를 섞어 코르네에 넣고 15에 짠다.

17 실온에서 이틀 동안 완전히 굳힌다.

Variation ○ 프티 가토, 부슈 드 노엘 등의 장식
크리스마스용 케이크의 포인트 장식

Rose

장미

장미를 만들 때는 플라스틱 초콜릿으로 만든 꽃잎의 끝부분이 얇을수록 실제 장미 꽃잎처럼 느껴집니다. 또한 꽃잎을 이어 붙일 때 최대한 동작을 간결하게 해 초콜릿 표면에 손자국이 나지 않도록 신경 써야 합니다. 더불어 자연스러운 모양을 위해 가운데의 꽃봉오리보다 꽃잎이 높지 않게 높이를 조절해 붙이는 것이 좋습니다. 바깥쪽 꽃잎을 살짝 바깥으로 구부려 붙이면 활짝 핀 장미의 모습을 연출할 수 있습니다. 한편, 완성한 장미 장식의 표면에 빨간색 초콜릿 색소를 분사하면 매혹적이고 강렬한 인상의 장미를 표현할 수 있습니다.

소요시간	냉장고에서 굳히는 시간	난이도
36h	24h	★★⯪

Rose

재료

물 58g

설탕 58g

물엿 206g

식용유 47g

다크초콜릿 651g

빨간색 초콜릿 색소

-

도구

냄비

휴대용 가스 버너

볼

실리콘 주걱

지퍼백

다용도 비닐

밀대

원형 커터

플라스틱 스크레이퍼

과도

컴프레서

에어브러시 건

1 냄비에 물, 설탕을 넣고 설탕이 녹을 때까지 끓인다.

2 1에 물엿, 식용유를 넣고 끓인다.

3 볼에 다크초콜릿을 넣고 2를 부어 실리콘 주걱으로 유화시킨다.

4 지퍼백에 3을 넣고 손으로 눌러 평평하게 정리한 다음 냉장고에서 하루 동안
   굳힌다.

   tip 완성한 플라스틱 초콜릿은 실온에서 6개월 동안 보관 및 사용할 수 있다.

5 플라스틱 초콜릿을 전자레인지에서 10초 동안 데워 말랑말랑한 상태로 만든다.

6 다용도 비닐 사이에 5를 놓고 밀대를 사용해 2㎜ 두께가 되도록 밀어 편다.

7 냉장고에서 10분 동안 둔 다음 비닐을 뗀다.

8 지름 5㎝ 크기의 원형 커터로 찍어 자른다(20장).

9 8의 1/2 지점을 플라스틱 스크레이퍼로 눌러 얇게 만든다.

10 꽃잎 1장을 고깔 모양으로 만 다음 또 다른 1장을 이어 붙이고 말아 꽃봉오리를
   만든다.

11 10을 감싸듯 꽃잎 5장을 이어 붙인다.

12 11을 감싸듯 꽃잎 6장을 이어 붙인 뒤 냉동고에서 30분 이상 둔다.

   tip 활짝 핀 모양이 되도록 바깥쪽 꽃잎들은 과도로 펼치면서 붙인다.

13 노즐의 크기가 0.5㎜인 에어브러시 건을 컴프레서에 연결한 다음 35℃의
   빨간색 초콜릿 색소를 넣는다.

   tip 에어브러시 건은 40℃로 보관하여 사용한다.

14 장미꽃 초콜릿에 색소를 분사해 완전히 굳힌다.

Variation

○ 장미: 밸런타인데이, 화이트데이, 어버이날 등의 시즌 케이크의 윗면 장식,
   초콜릿 공예, 그 자체로 먹는 초콜릿

○ 장미 꽃잎: 각종 케이크, 타르트, 구움과자의 윗면 및 옆면 장식

7.

Chocolate Desserts

Mendiant

망디앙

다크초콜릿 **200g**	**1** 볼에 다크초콜릿을 넣고 40℃로 녹인다.
RDC 페루 62% ←	**tip** 기호에 따라 다크초콜릿을 동량의 밀크초콜릿으로 대체해도 무방하다.
헤이즐넛 프랄리네 **40g**	**2** 다른 볼에 헤이즐넛 프랄리네를 넣고 실리콘 주걱으로 부드럽게 푼다.
피스타치오(커넬) **36개**	**3** 다크초콜릿에 2를 넣고 섞은 다음 26℃까지 온도를 낮춘다.
통아몬드(구운 것) **24개**	**4** 다시 30℃로 온도를 올려 템퍼링한다.
헤이즐넛(구운 것) **36개**	**5** 지름 6.5㎝ 크기의 링 모양 실리콘 몰드(silikomart SF012)의 바닥에 피스타치오 3개,
피칸(구운 것) **24개**	통아몬드 2개, 헤이즐넛 3개, 피칸 2개, 1/4 조각낸 반건조 살구 2개, 건조 크랜베리
반건조 살구 **6개**	2개를 넣는다.
건조 크랜베리 **24개**	**6** 짤주머니에 템퍼링한 다크초콜릿을 넣고 5에 18~20g씩 짠다.
주목나무 열매 장식 **12개**	**7** 냉장고에서 30분 동안 굳힌다.
	8 몰드에서 빼 주목나무 열매 장식(p.282 참고)을 붙인다.

DETAIL _ 망디앙의 유래

프랑스어로 탁발 수도사를 뜻하는 망디앙(mendiants). 도미니크회, 프란체스
코회, 가르멜회, 아우구스티누스회 이 4개의 탁발 수도회 '오르드르 망디앙(ordres
mendiants)'의 옷 색인 흰색, 회색, 다갈색, 진보라색을 본 떠 만든 초콜릿 디저트이
다. 보통 아몬드, 건조 무화과, 헤이즐넛, 건포도로 장식하며 이 4가지 외에도 여러 가
지 건조 과일이나 견과류로 색을 맞춰 사용한다.

A 초콜릿 디아망 쿠키

해면
장식

B 초콜릿 크림

Crazy Cacao Bottle Cake

크레이지 카카오 보틀 케이크

지름 7㎝, 높이 9㎝ 유리컵 8개

A 초콜릿 디아망 쿠키

버터 140g

분당 60g

소금 2g

노른자 20g

밀크초콜릿 20g

RDC 페루 35% ←

다크초콜릿 40g

발로나 사틸리아 누아 62% ←

박력분 140g

옥수수 전분 20g

코코아파우더 10g

RDC 퓨어 코코아파우더 ←

B 초콜릿 크림

다크초콜릿 110g

발로나 에콰토리얼 누아 55% ←

우유 60g

30°보메 시럽 30g

생크림(유지방 35%) 320g

C 카카오 70% 초콜릿 소스

물 75g

30°보메 시럽 75g

다크초콜릿 150g

발로나 과나하 70% ←

마무리

6.5cm 크기의 단면 원 장식 8개

해면 장식 16개

7cm 크기의 단면 원 장식 8개

A 초콜릿 디아망 쿠키

1   볼에 부드러운 상태의 버터, 분당, 소금을 넣고 크림 상태가 될 때까지 믹싱한다.

2   노른자, 함께 녹인 밀크초콜릿과 다크초콜릿을 넣고 섞는다.

3   함께 체 친 박력분, 옥수수 전분, 코코아파우더를 넣고 섞는다.

4   한 덩어리로 뭉쳐 15×15×1.5㎝ 크기로 밀어 편 뒤 같은 크기의 정사각형 틀에 넣는다.

5   냉장고에서 2시간 이상 휴지시키고 틀에서 빼 1.5×1.5㎝ 크기로 자른다.

6   겉면에 소금을 약간 넣은 달걀물(분량 외)을 칠하고 설탕(분량 외)을 묻힌다.

7   철판에 타공매트를 깔고 6을 일정한 간격으로 팬닝한다.

8   170℃ 오븐에서 15~18분 동안 굽는다.

B 초콜릿 크림

1   볼에 다크초콜릿을 넣고 중탕으로 녹여 40℃로 온도를 맞춘다.

2   다른 볼에 우유, 30°보메 시럽을 넣고 전자레인지에서 데워 40℃로 온도를 맞춘다.
    tip 30°보메 시럽은 냄비에 물 1,000g, 설탕 1,350g을 넣고 끓여 식힌 것을 사용한다.

3   다크초콜릿에 2를 붓고 거품기로 섞는다.

4   또 다른 볼에 생크림을 넣고 70%까지 휘핑한 뒤 3에 넣고 섞는다.

5   짤주머니에 넣어 냉장고에서 보관한다.

C 카카오 70% 초콜릿 소스

1   냄비에 물, 30°보메 시럽을 넣고 80℃까지 가열한다.

2   볼에 다크초콜릿을 잘게 다져 넣고 1을 부어 섞는다.

3   실온에서 식힌 후 볼의 윗면을 랩으로 덮어 냉장고에서 보관한다.

마무리

1   지름 7cm, 높이 9cm 크기의 유리컵을 깨끗이 씻어 물기를 제거한 다음 B(초콜릿 크림)를 4cm 높이까지 짜 넣는다.

2   냉장고에서 30분 동안 굳힌다.

3   한쪽 귀퉁이에 A(초콜릿 디아망 쿠키)를 올리고 지름 6.5cm 크기의 단면 원 장식(p.48를 참고)을 비스듬히 놓은 다음 해면 장식(p.244를 참고)을 놓는다.

4   지름 7cm 크기의 단면 원 장식에 또 다른 해면 장식을 붙여서 컵 윗면에 녹인 초콜릿(분량 외)을 살짝 묻히고 얹는다.

5   소스용 컵에 60℃로 데운 C(카카오 70% 초콜릿 소스)를 넣고 4위에 붓는다.

Mango Crème Brûlée with Soft Persimmon Sorbet

망고 크렘 브륄레와 홍시 소르베

A 망고 크렘 브륄레
노른자 68g
설탕 40g
우유 63g
생크림(유지방 35%) 75g
망고 퓌레 100g
패션프루츠 퓌레 20g
황설탕 적당량

B 홍시 소르베
물 68g
설탕 40g
소르베 안정제 1.25g
물엿 20g
레몬 7g
계피 3g
홍시(냉동) 226g

마무리
초콜릿 돔 4개
식용 금박 적당량

A 망고 크렘 브륄레

1 볼에 노른자, 설탕을 넣고 거품기로 충분히 섞는다.

2 냄비에 우유, 생크림, 망고 퓌레, 패션프루츠 퓌레를 넣고 50℃까지 가열한다.

3 1에 2를 넣고 섞은 다음 볼의 윗면을 랩으로 덮어 냉장고에서 하루 동안 숙성시킨다.

4 체에 걸러 가운데가 오목한 오븐용 접시에 부은 뒤 110℃ 오븐에서 25분 동안 굽고 식힌다.

5 윗면에 황설탕을 뿌리고 토치로 그을려 캐러멜화한다.

B 홍시 소르베

1 냄비에 물, 설탕과 섞은 소르베 안정제, 물엿, 레몬, 3~4 조각 낸 계피를 넣고 85℃까지 가열해 향을 우리고 살균한다.

2 볼에 홍시를 넣고 1을 부어 섞은 다음 얼음물에 받쳐 −3℃까지 빠르게 냉각시킨다.

3 핸드블렌더로 30초씩 간 뒤 볼의 윗면을 랩으로 덮어 냉장고에서 4시간 동안 숙성시킨다.
  tip 핸드블렌더로 갈면 질감은 부드러워지면서 풍미가 진해진다.

4 아이스크림 기계에 넣고 튜빙한다.

5 6.6×3.3×3cm 크기의 커넬 모양 실리콘 몰드(PAVONI PX071)에 4를 채워 냉동고에서 굳힌다.

마무리

1 A(망고 크렘 브륄레)의 가운데에 몰드에서 뺀 B(홍시 소르베)를 올린다.

2 초콜릿 돔을 덮고 식용 금박으로 장식한다.

NOTE _ 초콜릿 돔 만드는 방법

① 블론드초콜릿(칼리바우트 골드 30.4%) 600g을 녹여 템퍼링한다.(45℃-26℃-31℃)

② 지름 15cm 크기의 반구 모양 플라스틱 틀에 알코올을 뿌려 화장솜으로 닦는다.

③ ②에 ①을 얇게 몰딩하고 냉장고에서 굳혀 틀에서 뺀다.

④ 지름 1cm, 1.5cm 크기의 원형 깍지와 지름 3cm 크기의 원형 쿠키 커터를 토치로 달궈 3에 불규칙하게 구멍을 낸다.

Lemongrass Fraisier

13㎝ 크기의 하트 모양 케이크 4개

레몬그라스 프레지에

A 제누아즈
버터 45g
달걀 360g
설탕 225g
박력분 225g
바닐라 농축액 5g

B 키르슈 펀치
키르슈 100g
30°보메 시럽 300g
물 100g

C 레몬그라스 샹티이 크림
생크림A 100g
레몬그라스 58g
설탕 40g
젤라틴 매스 16.8g
마스카르포네 치즈 120g
생크림B 220g

마무리
딸기 적당량
하트 모양 초콜릿 장식 대 4개
하트 모양 초콜릿 장식 소 4개

A 제누아즈

1 전자레인지용 용기에 버터를 넣고 전자레인지에서 녹인다.
2 볼에 달걀, 설탕을 넣고 중탕으로 40℃까지 거품기로 저어 가며 가열한다.
3 2를 믹서볼에 옮겨 고속에서 리본 상태가 될 때까지 믹싱한다.(비중 0.25)
   tip 리본 상태가 되면 믹서의 속도를 저속으로 낮춰 5분 동안 믹싱해 기포의 크기를 균일하게 만든다.
4 체 친 박력분을 넣고 가볍게 섞은 다음 버터와 바닐라 농축액을 넣고 섞는다.(비중 0.35)
5 13㎝ 크기의 하트 모양 틀에 4를 200g씩 넣고 틀을 살짝 두드려 기포를 정리한다.
6 160℃ 오븐에서 25분 동안 굽고 틀에서 빼 식힌다.
7 1㎝, 1.5㎝ 두께로 각각 4장씩 슬라이스한다.

B 키르슈 펀치

1 볼에 모든 재료를 넣고 섞는다.

C 레몬그라스 샹티이 크림

1 냄비에 생크림A, 잘게 자른 레몬그라스, 설탕을 넣고 끓인 뒤 불에서 내려 냄비 뚜껑을 덮고 15분 동안 향을 우린다.
2 볼에 옮겨 젤라틴 매스를 넣고 녹인 후 부드러운 상태의 마스카르포네 치즈를 넣고 섞는다.
3 생크림B를 넣고 섞은 다음 볼의 윗면을 랩으로 덮고 냉장고에서 하루 동안 휴지시킨다.

마무리

1 5㎝ 폭의 무스케이크용 비닐 띠지를 22㎝ 길이로 잘라 반으로 접은 뒤 13㎝ 크기의 하트 모양 틀 안쪽에 두르고 끝을 테이프로 붙여 고정한다.
2 1에 1.5㎝ 두께로 슬라이스한 A(제누아즈)를 한 장 넣고 B(키르슈 펀치)를 붓으로 듬뿍 바른다.
3 옆면에 슬라이스한 딸기를 붙인다.
4 C(레몬그라스 샹티이 크림)를 체에 걸러 휘핑한 다음 3의 옆면에 스패튤러로 얇게 바른다.
5 남은 C(레몬그라스 샹티이 크림)를 짤주머니에 넣고 틀에 1㎝ 높이로 짜 넣는다.
6 1.5㎝ 크기로 자른 딸기를 촘촘하게 눌러 넣고 빈 공간에 C(레몬그라스 샹티이 크림)를 짜 넣는다.

7 1㎝ 두께로 슬라이스한 A(제누아즈)를 한 장 넣고 B(키르슈 펀치)를 충분히 바른 뒤 C(레몬그라스 샹티이 크림)를 틀 높이까지 짜 넣는다.

8 스패튤러로 윗면을 평평하게 정리해 냉장고에서 1시간 동안 굳힌다.

9 남은 C(레몬그라스 샹티이 크림)를 별 모양깍지를 낀 짤주머니에 넣고 틀을 뺀 8의 윗면 가장자리에 촘촘하게 짠다.

10 윗면 가운데에 하트 모양 초콜릿 장식을 올린다.

C 레몬그라스 샹티이 크림

A 제누아즈 + B 키르슈 펀치

NOTE _ 하트 모양 초콜릿 장식 만드는 방법

① 볼에 화이트초콜릿 300g을 넣고 녹인 다음 빨간색 초콜릿 색소를 섞어 템퍼링한다. (40℃-25℃-30℃)

② 유산지에 비닐을 놓고 물기 없는 빳빳한 붓 5개에 30~35℃의 빨간색, 검은색, 하늘색, 노란색 초콜릿 색소를 각각 얇게 묻혀 비닐에 흩뿌린다.

③ 색소가 굳으면 실리콘매트에 올려 고정하고 ①을 붓으로 펴 바른다.

④ 손에 묻지 않을 정도로 초콜릿이 굳으면 10㎝ 크기의 하트 모양으로 자른다.

⑤ 비닐을 뒤집어 철판에 놓고 냉장고에서 30분 동안 굳힌다.

Hazelnut

헤이즐넛

A 크런치

버터 67.5g

설탕 75g

아몬드파우더 37.5g

헤이즐넛파우더 37.5g

박력분 90g

소금 3g

B 헤이즐넛 다쿠아즈

흰자 150g

설탕 48g

헤이즐넛 T.P.T 240g

C 헤이즐넛 프랄리네

헤이즐넛 300g

바닐라 빈 1개

소금 1g

설탕 200g

A 크런치

1 믹서볼에 모든 재료를 넣고 비터로 보슬보슬한 상태가 될 때까지 믹싱한다.

   tip 버터는 미리 실온에 두어 부드러운 상태(22~25℃)로 만든다.

2 한 덩어리로 뭉쳐 4mm 두께로 밀어 편다.

3 지름 6cm 크기의 원형 커터로 찍어 잘라 철판에 일정한 간격으로 팬닝한다.

4 175℃ 오븐에서 10분 동안 굽고 식힌다.

B 헤이즐넛 다쿠아즈

1 믹서볼에 흰자, 설탕을 넣고 휘핑해 머랭을 만든다.

2 헤이즐넛 T.P.T를 넣고 섞은 다음 짤주머니에 넣는다.

   tip 헤이즐넛 T.P.T는 헤이즐넛파우더와 분당을 1:1로 섞어 사용한다.

3 유산지를 깐 철판에 지름 3cm 크기의 원형으로 짠다.

4 윗면에 분당(분량 외)을 2회 뿌리고 170℃ 오븐에서 댐퍼를 닫고 5분 동안 구운 뒤 댐퍼를 열고 10분 동안 굽는다.

C 헤이즐넛 프랄리네

1 철판에 헤이즐넛을 펼쳐 놓고 160℃ 오븐에서 15분 동안 굽는다.

   tip 헤이즐넛을 오븐에 살짝 로스팅해 사용하면 잡내가 제거되고 고소한 맛이 강해진다.

2 실리콘매트에 구운 헤이즐넛, 바닐라 빈, 소금을 펼쳐 놓는다.

3 뜨겁게 달군 냄비에 설탕을 넣고 캐러멜을 만든 후 2에 고루 붓고 실온에서 식힌다.

4 실리콘매트를 뒤집은 뒤 밀대로 두드려 적당한 크기로 부순다

5 분쇄기에 넣어 프랄리네 상태가 될 때까지 간다.(온도: 40℃)

   tip 40℃를 넘으면 헤이즐넛에서 오일이 나오면서 더 이상 갈리지 않는다. 이 경우 온도를 40℃ 이하로 충분히 식혔다가 다시 갈아 프랄리네 상태로 만든다.

6 밀폐 용기에 넣어 햇빛이 닿지 않는 서늘한 곳에 보관한다.

302

D 헤이즐넛 프랄리네 레제 크림

우유 300g

설탕 72g

노른자 78g

옥수수 전분 24g

젤라틴 매스 60g

C(헤이즐넛 프랄리네) 192g

생크림 480g

마무리

헤이즐넛 160g

보자기 장식 16개

꽃 모양 초콜릿 장식 16개

D 헤이즐넛 프랄리네 레제 크림

1 냄비에 우유, 설탕 1/3을 넣고 끓인다.

2 볼에 노른자, 남은 설탕, 옥수수 전분을 넣고 거품기로 섞는다.

3 2에 1을 넣고 섞은 뒤 체에 걸러 다시 냄비에 옮기고 저어 가며 끓인다.

4 끓어오르면 1분 동안 더 끓이고 불에서 내린다.

5 젤라틴 매스를 넣고 녹인 후 C(헤이즐넛 프랄리네)를 넣고 섞어 27℃까지 식힌다.

6 믹서볼에 생크림을 넣고 80%까지 휘핑한 다음 5에 넣고 섞는다.

마무리

1 짤주머니에 D(헤이즐넛 프랄리네 레제 크림)를 넣고 지름 6.5㎝, 높이 3㎝ 크기의 원반 모양 실리콘 몰드(silikomart STONE SF163)의 3/4 높이까지 짠 뒤 스패튤러로 가장자리에 크림을 꼼꼼히 바른다.

2 헤이즐넛을 10g씩 넣고 남은 D(헤이즐넛 프랄리네 레제 크림)를 몰드 끝에서 1㎝ 남겨 둔 지점까지 짠다.

   tip 헤이즐넛은 160℃ 오븐에서 15분 동안 구워 전처리한 것을 사용한다.

3 A(크런치), B(헤이즐넛 다쿠아즈)를 차례대로 넣고 윗면을 평평하게 정리한다.

4 냉동고에서 하루 동안 굳힌 뒤 몰드에서 뺀다.

5 보자기 장식으로 4를 감싼다.

   tip 보자기 장식은 p.184를 참고해 만든다.

6 짤주머니에 C(헤이즐넛 프랄리네)를 넣고 5의 가운데에 짠다.

7 한쪽 귀퉁이에 꽃 모양 초콜릿 장식을 붙여 마무리한다.

   tip 꽃 모양 초콜릿 장식은 p.282를 참고해 만든다.

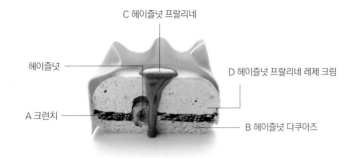

C 헤이즐넛 프랄리네

헤이즐넛

A 크런치

D 헤이즐넛 프랄리네 레제 크림

B 헤이즐넛 다쿠아즈

지름 15㎝, 높이 3㎝ 크기의
원형 티라미수 4개

Tiramisu

티라미수

A 퀴이에 비스퀴
노른자 87g
설탕A 63g
소금 1g
흰자 177g
설탕B 67.5g
박력분 132g

B 에스프레소 시럽
30°보메 시럽 80g
에스프레소 180g

C 마스카르포네 크림
물 20g
설탕 90g
노른자 50g
젤라틴 매스 20g
마스카르포네 치즈 320g
생크림 320g

마무리
코코아파우더 적당량
지름 3㎝ 크기의 단면 원 장식 적당량

A 퀴이에 비스퀴

1 볼에 노른자, 설탕A, 소금을 넣고 섞는다.
2 믹서볼에 흰자, 설탕B를 넣고 휘핑해 머랭을 만든다.
3 1에 2의 1/3을 넣어 섞은 다음 체 친 박력분을 넣고 섞는다.
4 남은 머랭을 넣고 조심스럽게 섞는다.
5 지름 1㎝의 원형 깍지를 낀 짤주머니에 반죽을 넣고 유산지를 깐 철팬에 지름 12㎝ 크기의 달팽이 모양으로 돌려 짠다.
6 윗면에 분당(분량 외)을 2회 뿌리고 170℃ 오븐에서 약 12분 동안 굽는다.

B 에스프레소 시럽

1 볼에 모든 재료를 넣고 섞은 뒤 윗면을 랩으로 덮어 냉장고에서 보관한다.
 tip 30°보메 시럽은 냄비에 물 100g, 설탕 135g을 넣고 끓여 만든다.

C 마스카르포네 크림

1 냄비에 물, 설탕을 넣고 118℃까지 끓여 시럽을 만든다.
2 믹서볼에 노른자를 넣고 믹싱한 후 1을 조금씩 나누어 넣으면서 35℃가 될 때까지 고속으로 믹싱한다.
3 젤라틴 매스를 넣고 녹인 다음 부드러운 상태의 마스카르포네 치즈를 넣고 섞는다.
4 부드럽게 휘핑한 생크림을 넣고 섞는다.

마무리

1 지름 15㎝, 높이 3㎝ 크기의 원형 무스케이크 틀 안쪽에 무스케이크용 비닐 띠지를 3㎝ 높이로 잘라 넣은 다음 A(퀴이에 비스퀴)를 넣고 B(에스프레소 시럽)를 충분히 바른다.
2 C(마스카르포네 크림)를 틀 높이까지 넣은 뒤 스패튤러로 윗면을 정리한다.
3 남은 C(마스카르포네 크림)를 지름 1.5㎝ 크기의 원형깍지를 낀 짤주머니에 넣고 틀을 뺀 2의 윗면에 물방울 모양으로 짠 후 냉동고에서 2시간 동안 굳힌다.
4 띠지를 제거한 다음 코코아파우더를 뿌리고 단면 원 장식(p.48를 참고)을 군데군데 올린다.

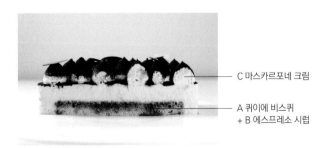

C 마스카르포네 크림

A 퀴이에 비스퀴
+ B 에스프레소 시럽

Cube

큐브

A 인절미 스트로이젤

버터 100g

분당 30g

소금 2g

박력분 140g

아몬드파우더 40g

헤이즐넛 분태 30g

콩가루(볶은 것) 30g

B 로셰

헤이즐넛 프랄리네 12g

흑임자 페이스트 9g

헤이즐넛 분태 102g

A(인절미 스트로이젤) 60g

밀크초콜릿 120g

RDC 페루 38% ←

A 인절미 스트로이젤

1 볼에 부드러운 상태의 버터, 분당, 소금을 넣고 섞는다.

    tip 버터는 미리 실온에 두어 부드러운 상태(22~25℃)로 만든다.

2 함께 체 친 박력분, 아몬드파우더를 넣고 섞는다.

3 헤이즐넛 분태를 넣고 보슬보슬한 상태가 될 때까지 섞는다.

4 철판에 테프론 시트를 깔고 3을 펼쳐 놓는다.

5 콩가루를 뿌려 160℃ 오븐에서 15분 동안 굽는다.

B 로셰

1 볼에 헤이즐넛 프랄리네, 흑임자 페이스트를 넣고 섞는다.

2 헤이즐넛 분태, A(인절미 스트로이젤)를 넣고 섞는다.

3 밀크초콜릿을 40℃로 녹여 2에 넣고 섞은 다음 3.5cm 크기의 큐브 모양 실리콘 몰드(silikomart SF105)의 바닥에 1/3 높이까지 넣어 냉동고에서 굳힌다.

    tip 밀크초콜릿의 온도가 50℃ 이상이 되면 로셰가 잘 굳지 않을 수 있으므로 주의한다.

→ cont.

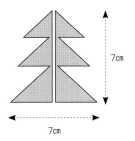

7cm

7cm

NOTE _ 트리 모양 초콜릿 장식물 만드는 방법

① 볼에 다크초콜릿을 넣고 녹인 뒤 템퍼링해 짤주머니에 넣는다.(45℃-27℃-32℃)

② 유산지에 다용도 비닐을 놓고 물기 없는 빳빳한 붓에 30~35℃의 흰색 초콜릿 색소를 얇게 묻혀 비닐에 색소를 흩뿌린다.

③ 색소가 굳으면 실리콘매트에 올려 고정하고 다크초콜릿을 짠 다음 스패튤러로 펴 바른다.

④ 손에 묻지 않을 정도로 초콜릿이 굳으면 3.5×7cm 크기의 반쪽 트리 모양으로 자른다.

⑤ 철판에 뒤집어 놓고 초콜릿이 휘지 않도록 철판을 1개 올린 후 냉장고에서 30분 동안 굳힌다.

C 카페오레 크림

우유 430g

커피 원두 30g

노른자 120g

설탕 106g

옥수수 전분 30g

판젤라틴 6g

생크림 360g

마무리

화이트초콜릿 적당량

반쪽 트리 모양 초콜릿 장식물 32개

C 카페오레 크림

1   냄비에 우유를 넣고 끓인 뒤 불에서 내려 작게 부순 커피 원두를 넣고 냄비 뚜껑을 덮어 10분 동안 향을 우린다.

2   볼에 노른자, 설탕을 넣고 거품기로 충분히 섞는다.

3   옥수수 전분을 넣고 섞은 후 1을 체에 걸러 넣고 섞는다.

4   3을 체에 걸러 냄비에 넣고 크림 상태가 될 때까지 저어 가며 가열한다.

(커피 파티시에 크림)

5   볼에 옮겨 찬물에 불려 물기를 제거한 판젤라틴을 넣고 녹인 다음 30℃가 될 때까지 식힌다.

tip 판젤라틴은 찬물에 판젤라틴을 1장씩 넣어 물에 완전히 잠기도록 담근 뒤 중량이 6배로 늘어날 때까지 불려 사용한다.

6   믹서볼에 생크림을 넣고 70%까지 휘핑해 5에 넣고 섞는다.

마무리

1   화이트초콜릿을 템퍼링해 30℃로 온도를 맞춘 뒤 붓에 묻혀 3.5cm 크기의 큐브 모양 실리콘 몰드의 안쪽에 꼼꼼히 바른다.

2   1의 화이트초콜릿을 몰드 끝까지 채워 넣었다가 쏟아내 몰딩 작업하고 완전히 굳힌다.

3   짤주머니에 C(카페오레 크림)를 넣고 2에 70%까지 짜 넣는다.

4   몰드에서 뺀 B(로셰)를 넣고 몰드 높이까지 크림이 올라오도록 살짝 누른 다음 스패튤러로 윗면을 평평하게 정리한다.

5   냉장고에서 하루 동안 굳힌다.

6   몰드에서 빼 옆면에 트리 모양 초콜릿 장식물을 2개씩 붙여 마무리한다.

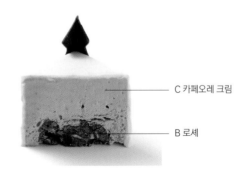

C 카페오레 크림

B 로셰

Madagascar

마다가스카르

A 바닐라 파트 쉬크레

버터 240g
분당 160g
소금 4g
바닐라파우더 4g
아몬드파우더 60g
달걀 80g
박력분 400g

B 헤이즐넛 버터 아몬드 비스퀴

분당 130g
아몬드파우더 60g
박력분 60g
바닐라파우더 3g
베이킹파우더 2g
소금 1g
꿀 20g
버터 100g
흰자 130g

C 바닐라 시럽

물 100g
설탕 20g
럼 5g
바닐라 빈 1.2g

A 바닐라 파트 쉬크레

1   믹서볼에 부드러운 상태의 버터를 넣고 저속에서 비터로 믹싱한다.
2   분당, 소금, 바닐라파우더를 넣고 믹싱한 다음 아몬드파우더를 넣고 믹싱한다.
3   달걀을 넣고 중속에서 믹싱한 뒤 체 친 박력분을 넣고 믹싱한다.
4   한 덩어리로 뭉쳐 약 2mm 두께로 밀어 편다.
5   유산지를 깐 철판에 4를 놓고 랩으로 싼 후 냉장고에서 2시간 이상 휴지시킨다.
6   지름 8cm 크기의 원형 타르트 틀의 안쪽에 부드러운 상태의 버터(분량 외)를 바르고
    냉장고에서 보관한다.
7   5의 반죽을 22×2cm 크기의 밴드 모양으로 잘라 타르트 틀 가장자리에 두르고
    냉동고에서 잠시 굳힌다.
8   남은 반죽을 타르트 틀로 찍어 틀의 바닥에 넣고 옆면 반죽과 이어 붙인 다음
    냉동고에서 2시간 동안 굳힌다.
9   160℃ 오븐에서 15~20분 동안 노릇노릇하게 굽는다.
10 오븐에서 꺼내자마자 틀에서 빼 녹인 카카오 버터(분량 외)를 붓으로 얇게 바른다.

B 헤이즐넛 버터 아몬드 비스퀴

1   볼에 함께 체 친 분당, 아몬드파우더, 박력분, 바닐라파우더, 베이킹파우더, 소금과
    꿀을 넣고 섞는다.
2   냄비에 버터를 넣고 중불에서 갈색이 될 때까지 가열해 헤이즐넛 버터를 만든 뒤
    불에서 내려 50℃가 될 때까지 식힌다.
3   1에 2를 넣고 거품기로 가볍게 섞는다.
4   믹서볼에 흰자를 넣고 위스크로 60%까지 휘핑한 후 3에 1/3을 넣고 섞는다.
5   남은 흰자를 넣고 거품기로 고루 섞는다.
6   40×30cm 크기의 철판에 테프론 시트를 깔고 5를 부어 스패튤러로 두께가 5mm가
    되도록 밀어 편다.
7   170℃ 오븐에서 7~8분 동안 굽고 식힌다.
8   지름 7.5cm 크기의 원형 커터로 찍어 자른다.

C 바닐라 시럽

1   냄비에 물, 설탕을 넣고 끓인 다음 식힌다.
2   럼을 넣고 섞은 뒤 바닐라 빈을 잘게 다져 넣고 냉장고에서 2일 동안 숙성시킨다.
3   핸드블랜더로 갈아 체에 거른 후 밀폐 용기에 넣고 냉장고에서 보관한다.

D 바닐라 가나슈

생크림(유지방 35%) 166g

전화당 12.8g

바닐라 빈 1개

화이트초콜릿 180g

RDC 에콰도르 31% ←

E 바닐라 가나슈 몽테

생크림(유지방 35%) 300g

바닐라 빈A 1/4개

마다가스카르산(産) ←

바닐라 빈B 1/4개

타히티산(産) ←

화이트초콜릿 96g

카카오바리 제피르 34% ←

젤라틴 매스 14g

마무리

바닐라 초콜릿 밴드 적당량

D 바닐라 가나슈

1 냄비에 생크림, 전화당, 바닐라 빈의 씨를 넣고 80℃까지 가열한다.

    tip 바닐라 빈 1개는 바닐라 페이스트 5g으로 대체할 수 있다.

2 볼에 화이트초콜릿을 넣고 1을 체에 걸러 3회에 걸쳐 나누어 넣으며 거품기로 섞는다.

3 핸드블렌더로 유화시켜 트레이에 부은 뒤 표면에 랩을 밀착시키고 냉장고에서 하루 동안 휴지시킨다.

E 바닐라 가나슈 몽테

1 냄비에 생크림, 바닐라 빈A와 B의 씨를 넣고 80℃까지 가열한 후 불에서 내려 향을 우린다.

2 볼에 화이트초콜릿을 넣고 1을 조금씩 나눠 넣으며 거품기로 유화시킨다.

3 젤라틴 매스를 넣고 녹인 다음 표면에 랩을 밀착시키고 냉장고에서 하루 동안 휴지시킨다.

    tip 하루 동안 바닐라 향을 충분히 우리며 휴지시킨다.

마무리

1 A(바닐라 파트 쉬크레)에 C(바닐라 시럽)에 적신 B(헤이즐넛 버터 아몬드 비스퀴)를 넣는다.

2 짤주머니에 D(바닐라 가나슈)를 부드럽게 풀어 넣은 뒤 타르트 셀 높이까지(약 33g) 짜 넣어 냉장고에서 굳힌다.

3 E(바닐라 가나슈 몽테)를 체에 걸러 거품기로 휘핑한 후 지름 2.5㎝ 크기의 원형 깍지를 낀 짤주머니에 넣고 2에 물방울 모양으로 짜 냉장고에서 굳힌다.

    tip 지름 2.5㎝의 원형 모양깍지가 없다면 같은 크기의 원형 쿠키 커터를 사용한다.

4 제품 전체 가장자리에 바닐라 초콜릿 밴드를 두른다.

E 바닐라 가나슈 몽테

D 바닐라 가나슈

A 바닐라 파트 쉬크레

B 헤이즐넛 버터 아몬드 비스퀴
+ C 바닐라 시럽

NOTE _ 바닐라 초콜릿 밴드 만드는 방법

① 볼에 화이트초콜릿 300g을 넣고 중탕으로 녹인 다음 바닐라 페이스트 1g을 넣고 섞어 템퍼링한다.(40℃-25℃-30℃)

② 화이트초콜릿을 짤주머니에 넣고 냉동고에서 보관한 차가운 대리석 판에 25㎝ 길이로 얇게 짠다.

③ 28×2㎝ 크기의 밴드 모양이 되도록 스패튤러로 화이트초콜릿을 평평하게 펴 바른 뒤 아랫면을 일자로 자른다.

④ 대리석 판과 초콜릿 사이에 초콜릿용 스크레이퍼를 넣고 밀어 초콜릿을 뗀 후 냉장고에서 차갑게 보관한 지름 8㎝ 크기의 타르트 틀에 2~3겹 두른다.

지름 15cm, 높이 6cm 크기의
원형 샤를로트 3개

Chocolate Charlotte

초콜릿 샤를로트

A 카카오 퀴이에 비스퀴

노른자 66g
설탕A 20g
흰자 120g
설탕B 20g
다크초콜릿 75g
RDC 페루 62% ←
버터 30g
박력분 20g
감자 전분 20g
코코아파우더 13g

B 초콜릿 시럽

30°보메 시럽 115g
코코아파우더 15g

C 초콜릿 바바루아

생크림 62.5g
설탕 40g
우유 62.5g
코코아파우더 13g
노른자 40g
판젤라틴 2g
다크초콜릿 65g
RDC 페루 62% ←
생크림 125g

마무리

코포 장식 적당량

A 카카오 퀴이에 비스퀴

1 믹서볼에 노른자, 설탕A를 넣고 고속으로 리본 상태가 될 때까지 믹싱한다.
2 다른 믹서볼에 흰자, 설탕B의 1/2을 넣고 중속에서 90%까지 휘핑한 다음 남은 설탕을 넣고 단단한 상태가 될 때까지 휘핑한다.
3 볼에 다크초콜릿을 넣고 녹여 40℃로 온도를 맞춘 뒤 부드러운 상태의 버터를 넣고 섞는다.
4 1에 3을 넣고 섞은 후 2를 넣고 섞는다.
5 함께 체 친 박력분, 감자 전분, 코코아파우더를 넣고 조심스럽게 섞는다.
6 지름 1cm 크기의 원형깍지를 낀 짤주머니에 5를 넣고 유산지를 깐 철판에 지름 14cm 크기의 달팽이 모양으로 돌려 짠다.(바닥용)
7 남은 반죽을 지름 1.5cm 크기의 원형깍지를 낀 다른 짤주머니에 넣고 직각으로 세워 길이 6cm, 두께 8mm의 스틱 모양으로 나란히 짠다.(옆면용)
8 6과 7의 윗면에 분당(분량 외)을 2회 뿌린 다음 180℃ 오븐에서 댐퍼를 열고 10분 동안 굽는다.

B 초콜릿 시럽

1 볼에 모든 재료를 넣고 섞은 뒤 윗면을 랩으로 덮어 냉장고에서 보관한다.
   tip 30°보메 시럽은 물 1,000g, 설탕 1,350g으로 만들어 사용한다.

C 초콜릿 바바루아

1 냄비에 생크림, 설탕 1/2, 우유, 코코아파우더를 넣고 섞은 후 끓인다.
2 볼에 노른자, 남은 설탕을 넣고 고루 섞는다.
3 2에 1을 넣고 섞은 다음 체에 걸러 다시 냄비에 옮기고 85℃까지 저어 가며 가열한다.
4 3을 볼에 옮기고 찬물에 불려 물기를 제거한 판젤라틴을 넣은 다음 거품기로 섞는다.
5 다크초콜릿을 넣고 섞은 뒤 27℃까지 식힌다.
6 믹서볼에 생크림을 넣고 80%까지 휘핑해 5에 넣고 섞는다.

마무리

1 지름 15cm 크기의 원형 무스케이크 틀의 안쪽 옆면에 옆면용 카카오 퀴이에 비스퀴를 틀 둘레에 맞게 잘라 두른다.
2 바닥용 카카오 퀴이에 비스퀴에 붓으로 B(초콜릿 시럽)를 충분히 발라 1에 넣는다.
   tip 옆면용 비스퀴에는 시럽을 바르지 않는다.
3 C(초콜릿 바바루아)를 틀의 1/2 높이까지 붓고 바닥용 A(카카오 퀴이에 비스퀴)를 1장 올린 다음 B(초콜릿 시럽)를 바른다.
4 남은 C(초콜릿 바바루아)를 틀의 2/3 높이까지 붓고 냉동고에서 굳힌다.
5 틀에서 빼 코포 장식(p.228를 참고)을 올려 마무리한다.

C 초콜릿
바바루아

A 카카오
퀴이에 비스퀴 +
B 초콜릿 시럽

Ornament

오너먼트

A 스페퀼로스

버터 100g

소금 0.5g

황설탕 130g

우유 15g

노른자 20g

박력분 200g

시나몬파우더 5g

베이킹파우더 3g

B 아몬드 머랭

흰자 90g

설탕A 9g

분당A 63g

분당B 27g

아몬드파우더 27g

설탕B 40g

C 코냑 샹티이 크림

생크림 200g

마스카르포네 치즈 75g

설탕 25g

바닐라 빈 1/2개

코냑 5g

D 밤 크림

밤 크림 67g

밤 페이스트 235g

버터 39g

럼 13g

A 스페퀼로스

1 믹서볼에 부드러운 상태의 버터, 소금, 황설탕을 넣고 비터로 믹싱한다.

2 우유, 노른자를 넣고 믹싱한다.

3 함께 체 친 박력분, 시나몬파우더, 베이킹파우더를 넣고 저속에서 믹싱한다.

4 한 덩어리로 뭉쳐 4mm 두께로 밀어 편다.

5 유산지를 깐 철판에 팬닝해 냉장고에서 휴지시킨다.

6 22×8cm 크기의 직사각형으로 자른다.

7 실리콘타공매트를 깐 철판에 팬닝해 180℃ 오븐에서 10분 동안 굽는다.

B 아몬드 머랭

1 믹서볼에 흰자, 설탕A를 넣고 중속에서 90%까지 휘핑한 다음 분당A를 넣고 단단한 상태가 될 때까지 휘핑한다.

2 볼에 옮겨 함께 체 친 분당B, 아몬드파우더, 설탕B를 넣고 섞는다.

3 지름 1.5cm 크기의 원형깍지를 낀 짤주머니에 넣은 뒤 철판에 실리콘매트를 깔고 길게 짠다.

4 130℃ 오븐에서 1시간 동안 굽는다.

C 코냑 샹티이 크림

1 믹서볼에 생크림, 마스카르포네 치즈를 넣고 휘핑한다.

2 설탕을 넣고 휘핑한 뒤 바닐라 빈의 씨, 코냑을 넣고 섞는다.

3 짤주머니에 넣어 냉장고에서 보관한다.

D 밤 크림

1 믹서볼에 밤 크림, 밤 페이스트를 넣고 비터로 믹싱한다.

2 부드러운 상태의 버터를 넣고 믹싱한다.

tip 버터는 미리 실온에 두어 부드러운 상태(22~25℃)로 만든다.

3 럼을 넣고 섞어 짤주머니에 넣는다.

→ cont.

NOTE _ 트리 모양 초콜릿 장식 만드는 방법

① 볼에 다크초콜릿을 넣고 녹인 뒤 템퍼링해 짤주머니에 넣는다.(45℃-27℃-32℃)

② 실리콘매트에 다용도 비닐을 올려 고정하고 ①을 짠 다음 스패튤러로 펴 바른다.

③ 손에 묻지 않을 정도로 초콜릿이 굳으면 7cm 크기의 트리 모양으로 자른다.

④ 냉장고에서 초콜릿을 완전히 굳힌 후 녹인 초콜릿(분량 외)으로 3개씩 겹쳐 붙인다.

마무리

오너먼트 장식 **16개**
리본 고리 장식 **16개**
트리 모양 초콜릿 장식 **24개**
디저트용 나무 망치

마무리

1 지름 2.5㎝ 크기의 원형깍지 또는 원형 커터를 불에 달궈 오너먼트 장식의 윗면
가운데에 구멍을 뚫는다.
　　tip 오너먼트 장식은 p.250를 참고해 만든다.

2 A(스페큘로스)에 오너먼트 장식 2개를 녹인 초콜릿(분량 외)으로 붙인다.

3 오너먼트 장식의 윗면 구멍 안으로 D(밤 크림)를 짜 넣고 작게 자른 B(아몬드 머랭)를
넣은 후 C(코냑 샹티이 크림)를 짜 넣는다.

4 3의 윗면 구멍에 리본 고리 장식을 붙인다.
　　tip 리본 고리 장식은 p.208를 참고해 만든다.

5 오너먼트 장식 앞뒤에 트리 모양 초콜릿 장식을 붙인다.

6 디저트용 나무 망치와 함께 서빙한다.

C 코냑 샹티이 크림
B 아몬드 머랭
D 밤 크림
A 스페큘로스

White Forest

화이트 포레스트

A 말차 제누아즈
달걀 148g
설탕 80g
꿀 12g
박력분 60g
옥수수 전분 8g
말차가루 8g
버터 16g
우유 15g

B 체리 시럽
시럽 150g
물 50g
체리 리큐르(키르슈) 50g

C 화이트초콜릿 가나슈 몽테
생크림A 84g
바닐라 빈 1개
화이트초콜릿 78g
RDC 에콰도르 31% ←
판젤라틴 2g
생크림B 180g

A 말차 제누아즈

1 볼에 달걀, 설탕, 꿀을 넣고 중탕으로 40℃가 될 때까지 저어 가며 데운다.
2 1을 믹서볼에 옮겨 완전히 식을 때까지 고속에서 위스크로 믹싱한다.
3 저속에서 10분 동안 믹싱해 기포를 작고 균일하게 만든다.
4 함께 체 친 박력분, 옥수수 전분, 말차가루를 넣고 섞는다.
5 버터와 우유를 함께 녹여 35℃로 식히고 4에 넣어 섞는다.
6 지름 15㎝ 크기의 원형 케이크 틀에 300g 팬닝한다.
   tip 지름 12㎝ 크기의 원형 케이크 틀을 사용한다면 반죽을 150g 팬닝한다.
7 160℃ 오븐에서 20~25분 동안 굽는다.
8 틀에서 빼 1㎝ 두께로 슬라이스한다.
9 지름 3㎝, 5㎝, 7㎝ 크기의 원형 커터로 각각 1개, 2개, 1개씩 찍어 자른다.

B 체리 시럽

1 볼에 모든 재료를 넣고 섞은 다음 윗면을 랩으로 덮어 냉장고에서 보관한다.

C 화이트초콜릿 가나슈 몽테

1 냄비에 생크림A, 바닐라 빈의 씨를 넣고 데운다.
2 볼에 화이트초콜릿을 넣고 1을 부어 섞은 뒤 찬물에 불려 물기를 제거한 판젤라틴을 넣어 녹인다.
3 차가운 상태의 생크림B를 넣고 거품기로 섞는다.
4 볼의 윗면을 랩으로 덮어 냉장고에서 하루 동안 휴지시킨다.

NOTE _ 기둥 장식 만드는 방법

① 지름 5.5㎝ 크기와 7.5㎝ 크기의 원형 실리콘 몰드에 각각 템퍼링한 화이트초콜릿을 붓고 냉장고에서 굳힌 다음 몰드에서 뺀다.
② 기둥 모양 실리콘 몰드(Pavoni PX020)에 템퍼링한 화이트초콜릿을 붓고 냉장고에서 굳힌 다음 몰드에서 뺀다.
③ 화이트초콜릿을 이용해 몰드에서 뺀 기둥 모양 초콜릿을 2개 맞붙인다.
④ 기둥 아래에 지름 7.5㎝ 크기의 초콜릿과 5.5㎝ 크기의 초콜릿을 차례대로 붙이고 완전히 굳힌다.

마무리

화이트초콜릿 **적당량**

다크 사워 체리 **12개**

지름 13㎝ 크기의 초콜릿 디스크 **1개**

기둥 장식 **1개**

깃털 장식 **65개**

별 모양 초콜릿 장식 **1개**

고깔 모양 도면

마무리

1 아래의 도면과 같이 비닐을 잘라 고깔을 만든다.

2 고깔에 템퍼링한 화이트초콜릿을 채웠다가 쏟아내 몰딩 작업을 하고 굳힌다.

3 짤주머니에 부드럽게 휘핑한 C(화이트초콜릿 가나슈 몽테)를 넣고 2에 1/3 높이 만큼 짜 넣은 다음 다크 사워 체리를 2개 넣는다.

4 지름 3㎝ 크기의 A(말차 제누아즈)에 B(체리 시럽)를 듬뿍 적셔 3에 넣는다.

5 C(화이트초콜릿 가나슈 몽테)를 1.5㎝ 높이로 짜 넣고 다크 사워 체리를 2개 넣는다.

6 지름 5㎝ 크기의 A(말차 제누아즈)에 B(체리 시럽)를 듬뿍 적셔 5에 넣는다.

7 C(화이트초콜릿 가나슈 몽테)를 1.5㎝ 높이로 짜 넣고 다크 사워 체리를 4개 넣는다.

8 6~7의 과정을 다시 반복한 뒤 지름 7㎝ 크기의 A(말차 제누아즈)에 B(체리 시럽)를 듬뿍 적셔 넣고 윗면을 평평하게 정리한다.

9 윗면 가장자리에 녹인 화이트초콜릿(분량 외)을 발라 지름 13㎝ 크기의 초콜릿 디스크를 단단히 붙인다.

tip 초콜릿 디스크는 p.48를 참고해 만든다.

10 냉장고에서 하루 동안 굳힌다.

11 뒤집어 비닐을 떼고 겉면에 녹인 화이트초콜릿(분량 외)으로 깃털 장식을 만들어 아래에서부터 둘러 붙인다.

tip 깃털 장식은 p.236를 참고해 만든다.

12 기둥 장식에 녹인 화이트초콜릿(분량 외)으로 11을 붙이고 맨 위에 별 모양 초콜릿 장식을 붙인다.

NOTE _ 별 모양 초콜릿 장식 만드는 방법

① 실리콘매트에 다용도 비닐을 밀착시키고 템퍼링한 다크초콜릿을 2㎜ 두께가 되도록 스패 튤러로 평평하게 펴 바른다.

② 초콜릿이 살짝 굳으면 별 모양으로 자르고 굳혀 은색 데코파우더를 바른다.

D 뉴트럴 젤 코팅
C 딸기 무스
B 산딸기 가나슈
A 초콜릿 크런치

Strawberry Candy

딸기 캔디

A 초콜릿 크런치
(실온의)버터 67.5g
설탕 75g
아몬드파우더 37.5g
헤이즐넛파우더 37.5g
박력분 85g
코코아파우더 5g
소금 3g

B 산딸기 가나슈
생크림 25g
산딸기 퓌레 16g
전화당 3g
다크초콜릿 40g
발로나 카라이브 66% ←
산딸기 리큐르 1g
디종 산딸기 ←
버터 6g
산딸기(냉동) 8알

C 딸기 무스
딸기 퓌레 220g
카시스 퓌레 30g
노른자 60g
설탕 50g
옥수수 전분 22g
판젤라틴 6g
생크림 200g

D 뉴트럴 젤 코팅
광택제 800g
30° 보메 시럽 160g

마무리
에방타유 장식 16개
식용 은박 적당량

A 초콜릿 크런치
1 믹서볼에 모든 재료를 넣고 비터로 보슬보슬한 상태가 될 때까지 믹싱한다.
2 한 덩어리로 뭉쳐 4㎜ 두께로 밀어 편 다음 지름 4㎝ 크기의 원형 커터로 찍어 자른다.
3 철판에 일정한 간격으로 팬닝하고 175℃ 오븐에서 15분 동안 구운 뒤 식힌다.

B 산딸기 가나슈
1 냄비에 생크림, 산딸기 퓌레, 전화당을 넣고 80℃까지 가열한다.
2 볼에 다크초콜릿을 넣고 1을 부어 거품기로 섞은 뒤 산딸기 리큐르를 넣는다.
3 단단한 상태의 버터(18℃)를 작게 잘라 넣고 거품기로 섞어 유화시킨다.
4 짤주머니에 넣어 지름 3.2㎝, 높이 2.8㎝ 크기의 구 모양 실리콘 몰드(silikomart MINI TRUFFLES 20 SF172)에 짠다.
5 산딸기를 1개씩 넣고 냉동고에서 완전히 굳힌다.

C 딸기 무스
1 냄비에 딸기 퓌레, 카시스 퓌레를 넣고 가열한다.
2 볼에 노른자, 설탕을 넣고 섞은 다음 옥수수 전분을 넣고 섞는다.
3 2에 1을 넣고 섞은 뒤 체에 걸러 다시 냄비에 옮기고 저어 가며 커스터드 크림 상태가 될 때까지 가열한다.
4 불에서 내려 찬물에 불려 물기를 제거한 판젤라틴을 넣고 녹인 후 30℃까지 식힌다.
5 믹서볼에 생크림을 넣고 80%까지 휘핑한 다음 4에 넣고 섞는다.

D 뉴트럴 젤 코팅
1 볼에 모든 재료를 넣고 섞은 다음 40℃로 데워 온도를 맞춘다.

마무리
1 짤주머니에 C(딸기 무스)를 넣고 지름 6.2㎝, 높이 5.2㎝ 크기의 구 모양 실리콘 몰드(silikomart TRUFFLES SF192)에 3/4 높이까지 짜 넣은 다음 옆면까지 숟가락으로 딸기 무스를 꼼꼼히 바른다.
2 가운데에 몰드에서 뺀 B(산딸기 가나슈)를 넣고 남은 C(딸기 무스)를 몰드 끝에서 0.5㎝ 남는 지점까지 짜 넣는다.
3 A(초콜릿 크런치)를 넣고 윗면을 평평하게 정리한다.
4 -35℃ 냉동고에서 완전히 굳힌 뒤 몰드에서 빼 -18℃ 냉동고로 옮긴다.
5 철팬에 식힘망을 올리고 4를 올린 뒤 40℃로 온도를 맞춘 D(뉴트럴 젤 코팅)를 씌운다.
6 양옆에 에방타유 장식(p.232 참고)을 붙이고 식용 은박으로 장식한다.

Bûche de Noël

부슈 드 노엘

A 호두 비스퀴

아몬드 T.P.T 94g
호두 T.P.T 94g
달걀 72g
노른자 28g
커피 농축액 14g
박력분 35g
흰자 140g
설탕 60g

B 럼 시럽

30°보메 시럽 300g
물 100g
럼 50g

C 잔두야

헤이즐넛 500g
아몬드 500g
분당 1000g

D 잔두야 밀크초콜릿

C(잔두야) 500g
카카오 버터 74g
밀크초콜릿 25g
RDC 에콰도르 38% ←

A 호두 비스퀴

1 볼에 아몬드 T.P.T, 호두 T.P.T, 달걀, 노른자를 넣고 휘핑한 다음 커피 농축액, 체 친 박력분을 넣고 섞는다.
  tip 아몬드 T.P.T는 아몬드파우더와 분당을 1:1 비율로 섞은 것을 의미한다.
  tip 호두 T.P.T는 분쇄기에 호두를 넣고 기름이 나오기 전까지 간 뒤 호두와 동량의 분당을 넣고 함께 갈아 만든다.
2 믹서볼에 흰자, 설탕을 넣고 단단한 상태가 될 때까지 휘핑한다.
3 1에 2를 2~3회에 걸쳐 나누어 넣고 섞는다.
4 40×30cm 크기의 철판에 테프론 시트를 간 후 3을 450g씩 붓고 1cm 두께가 되도록 스패튤러로 평평하게 정리한다.
5 170℃ 오븐에서 10분 동안 굽는다.

B 럼 시럽

1 볼에 모든 재료를 넣고 섞은 다음 윗면을 랩으로 덮어 냉장고에서 보관한다.

C 잔두야

1 철팬에 헤이즐넛, 아몬드를 펼쳐 놓고 160℃ 오븐에서 15분 동안 굽는다.
2 실온에서 충분히 식힌 뒤 분쇄기에 넣고 분당을 조금씩 나누어 넣으면서 페이스트 상태가 될 때까지 곱게 간다.

D 잔두야 밀크초콜릿

1 볼에 모든 재료를 넣고 45℃로 녹여 섞은 후 25℃까지 식힌다.
  tip 시판용 잔두야 밀크초콜릿을 사용해도 된다.
  → cont.

NOTE _ 오너먼트 모양 초콜릿 장식 만드는 방법

① 비닐을 12×4cm 크기의 직사각형으로 잘라 실리콘매트 위에 고정하고 템퍼링한 다크초콜릿을 붓는다.
② 페뉴로 위에서 아래로 긁어 줄무늬를 만든 다음 비닐 양쪽 끝을 서로 붙여 리본 고리 모양을 만들고 냉장고에서 굳힌다.
③ 지름 3cm 크기의 반구 모양 초콜릿 몰드(초콜릿 월드 CW1217)에 35℃의 빨간색 초콜릿 색소를 붓으로 바르고 살짝 굳힌다.
④ 템퍼링한 다크초콜릿을 붓고 쏟아 내 몰딩 작업한 뒤 윗면을 스크레이퍼로 긁어 깔끔하게 정리하고 냉장고에서 20분 동안 굳힌다.
⑤ 몰드에서 뺀 초콜릿 아랫부분을 달군 철판에 살짝 녹여 2개씩 맞붙이고 윗면에 비닐에서 뗀 리본 고리 장식을 녹인 다크초콜릿으로 붙인다.

E 프랄리네 버터 크림

우유 60g

설탕 150g

달걀 50g

버터 365g

헤이즐넛 프랄리네 90g

마무리

오너먼트 장식 8개

별 모양 초콜릿 장식 2개

스프링 장식 2개

에어브러시드 원 장식 2개

주목나무 열매 장식 2개

눈꽃 모양 장식물 2개

E 프랄리네 버터 크림

1 냄비에 우유, 설탕 1/2을 넣고 끓인다.

2 볼에 달걀, 남은 설탕을 넣고 거품기로 섞는다.

3 2에 1을 넣고 섞은 다음 체에 걸러 다시 냄비에 옮긴다.

4 기포가 올라올 때까지 살짝 가열한 뒤 믹서볼에 옮겨 고속에서 위스크로 휘핑해
35℃까지 식힌다.

5 부드러운 상태의 버터를 넣고 충분히 휘핑한다.

6 헤이즐넛 프랄리네를 넣고 섞는다.

마무리

1 작업대에 40×60㎝ 크기로 자른 종이 포일을 놓는다.

2 A(호두 비스퀴)를 35×28㎝ 크기의 직사각형으로 잘라 1의 가운데에 놓는다.

3 2에 B(럼 시럽) 65g을 붓으로 바르고 D(잔두야 밀크초콜릿) 155g을 스패튤러로 펴
바른다.

4 E(프랄리네 버터 크림) 220g을 스패튤러로 펴 바른 후 비스퀴를 돌돌 말아 종이
포일로 감싸고 냉동고에서 굳힌다.

5 양끝을 잘라 정리한 뒤 16㎝ 길이로 자른다.

6 남은 E(프랄리네 버터 크림)를 일자 모양깍지를 낀 짤주머니에 넣고 5의 표면에 세로로
길게 겹쳐 짠다.

7 윗면 가운데에 E(프랄리네 버터 크림)를 가로로 모양을 내면서 겹쳐 짠다.

8 오너먼트 장식, 별 모양 초콜릿 장식, 스프링 장식, 에어브러시드 원 장식, 주목나무
열매 장식, 눈꽃 모양 장식 등으로 장식한다.

tip 오너먼트 모양 장식은 p.250, 스프링 장식은 p.200, 에어브러시드 원 장식은 p.060를
주목나무 열매 장식은 p.282를 참고해 만든다.

E 프랄리네 버터 크림

A 호두 비스퀴
+ B 럼 시럽

D 잔두야
밀크초콜릿

NOTE _ 별 모양 초콜릿 장식 만드는 방법

① 실리콘매트에 다용도 비닐을 밀착시키고 템퍼링한 다크초콜릿을 2㎜ 두께가
되도록 스패튤러로 평평하게 펴 바른다.

② 초콜릿이 살짝 굳으면 별 모양으로 자르고 굳혀 금색 데코파우더를 바른다.

Le Chocolat

르 쇼콜라

A 초콜릿 팽 드 젠

아몬드 T.P.T 270g
달걀A 45g
달걀B 144g
버터 90g
럼 9g
박력분 21g
옥수수 전분 21g
다크초콜릿 45g
발로나 과나하 70% ←
카카오 페이스트 21g
아몬드 분태 30g
헤이즐넛 분태 30g

B 초콜릿 무스

설탕 72g
물 21.6g
노른자 48g
달걀 72g
다크초콜릿 192g
발로나 카라이브 66% ←
생크림 250g

C 바닐라 시럽

물 50g
바닐라 빈 1/4개
30°보메 시럽 125g

A 초콜릿 팽 드 젠

1 믹서볼에 아몬드 T.P.T, 달걀A를 넣고 비터로 저속에서 페이스트 상태가 될 때까지 믹싱한다.
   tip 아몬드 T.P.T는 분당과 아몬드파우더를 1:1의 비율로 섞은 것을 의미한다.
2 달걀B를 넣고 믹싱한다.
3 볼에 버터를 넣고 40℃로 녹인 다음 2의 1/3을 넣어 섞고 럼을 넣어 섞는다.
4 남은 2에 함께 체 친 박력분, 옥수수 전분을 넣고 섞는다.
5 다크초콜릿과 카카오 페이스트를 중탕으로 함께 녹여 4에 넣고 섞는다.
6 3을 넣고 섞은 뒤 아몬드 분태, 헤이즐넛 분태를 넣고 섞는다.
7 지름 12cm 크기의 원형 틀에 반죽을 350g씩 팬닝한다.
8 160℃ 오븐에서 40분 동안 굽는다.
9 틀에서 빼 식힌 후 1cm 두께로 슬라이스한다.

B 초콜릿 무스

1 냄비에 설탕, 물을 넣고 118℃까지 끓인다.
2 믹서볼에 노른자, 달걀을 넣고 믹싱한 다음 1을 조금씩 나누어 넣으면서 고속에서 35℃가 될 때까지 믹싱한다.
   tip 뜨거운 시럽을 넣을 때는 시럽이 사방으로 튀지 않도록 믹서볼의 벽을 따라 서서히 흘려 넣는다.
3 볼에 다크초콜릿을 넣고 중탕으로 녹인 뒤 70%까지 휘핑한 생크림 1/3을 넣고 섞는다.
4 3에 2를 넣고 고루 섞은 후 남은 생크림을 넣고 섞는다.
   tip 마지막에 실리콘 주걱으로 고루 섞어 마무리한다.

C 바닐라 시럽

1 냄비에 물, 바닐라 빈의 씨와 깍지를 넣고 끓인 다음 불에서 내려 향을 우린다.
2 30°보메 시럽을 넣고 고루 섞은 뒤 냄비의 윗면을 랩으로 덮어 냉장고에서 보관한다.

NOTE _ 주름진 초콜릿 장식 만드는 방법

① 다크초콜릿을 중탕으로 녹여 템퍼링한다.(45℃-27℃-32℃)
② 15×5cm 크기의 얇은 다용도 비닐에 ①을 스패튤러로 바르고 구겨 냉장고에서 굳힌다.

D 초콜릿 글라사주

생크림 250g
물엿 50g
30°보메 시럽 200g
다크초콜릿 100g
발로나 죠콜라인 65% ←
다크코팅초콜릿 500g
카카오바리 파타글라세 브룬 ←
젤라틴 매스 15g

마무리

초콜릿 밴드 2개
주름진 초콜릿 장식 2개
금색 데코파우더 적당량

D 초콜릿 글라사주

1   냄비에 생크림, 물엿, 30°보메 시럽을 넣고 끓인다.

2   함께 다진 다크초콜릿과 다크코팅초콜릿, 젤라틴 매스를 넣고 거품이 생기지 않도록 저어가며 섞는다.

3   체에 거르고 가볍게 충격을 주어 표면에 기포를 제거한다.

4   실온에서 30분 동안 둔 다음 윗면을 랩으로 덮어 냉장고에서 보관한다.

   tip 초콜릿 글라사주는 냉장고에서 7일 동안 보관이 가능하며 사용하기 전 38℃로
        온도를 맞춰 사용한다.

마무리

1   지름 15㎝ 크기의 원형 무스케이크 틀의 안쪽에 무스케이크용 비닐 띠지를 두르고
    A(초콜릿 팽 드 젠)를 1장 넣는다.

2   C(바닐라 시럽)를 붓으로 고루 바른다.

3   짤주머니에 B(초콜릿 무스)를 넣고 2에 1/2 높이까지 짜 넣은 다음 옆면에 무스를
    꼼꼼히 바른다.

   tip 옆면에도 초콜릿 무스가 잘 채워지도록 누르면서 짠다.

4   A(초콜릿 팽 드 젠)를 1장 넣고 눌러 평평하게 만든다.

5   B(초콜릿 무스)를 틀 높이까지 짜 넣은 뒤 냉동고에서 굳힌다.

6   틀에서 빼 옆면의 띠지를 제거하고 겉면에 38~40℃로 온도를 맞춘 D(초콜릿
    글라사주)를 입힌다.

7   가장자리에 초콜릿이 완전히 굳지 않은 초콜릿 밴드를 두르고 윗면에 주름진 초콜릿
    장식을 올린다.

   tip 초콜릿 밴드는 p.130를 참고해 만든다.

8   7의 초콜릿 밴드 초콜릿이 완전히 굳으면 비닐을 떼고 윗면에 금색 데코파우더를
    뿌려 장식한다.

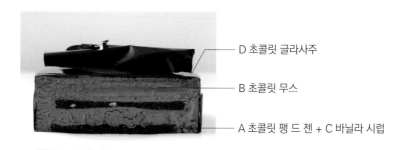

— D 초콜릿 글라사주

— B 초콜릿 무스

— A 초콜릿 팽 드 젠 + C 바닐라 시럽

성명주의 초콜릿 장식 노하우

Le Chocolat

르 쇼콜라

저 자 ㅣ 성명주
발행인 ㅣ 장상원
편집인 ㅣ 이명원

초판 1쇄 ㅣ 2024년 2월 15일

발행처 ㅣ (주)비앤씨월드 출판등록 1994.1.21 제 16-818호
주소 ㅣ 서울특별시 강남구 선릉로 132길 3-6 서원빌딩 3층
전화 ㅣ (02)547-5233   팩스 ㅣ (02)549-5235
홈페이지 ㅣ http://bncworld.co.kr
블로그 ㅣ http://blog.naver.com/bncbookcafe
인스타그램 ㅣ @bncworld_books
감수 ㅣ 김은혜   진행 ㅣ 박선아
사진 ㅣ 이재희   디자인 ㅣ 박갑경
ISBN ㅣ 979-11-86519-89-9 13590